低渗透非均质油藏构型
参数反演理论方法

刘今子　著

北　京

冶 金 工 业 出 版 社

2018

内 容 提 要

本书是一本有关低渗透油藏渗透率非均质构型渗流特征影响理论及方法的专著。全书共分7章，分别系统地阐述了低渗透非均质油藏实验研究，表征方法理论研究，考虑非均质渗透率构型的低渗单相、两相、井网类型以及全油藏条件下的渗流数学模型及特征理论研究等。书中除了对基本渗流数学模型叙述外，还重点阐述了低渗透非均质油藏的不同渗透率构型对产能计算的影响和反演优化构型参数的方法运用，并且通过数值模拟的实例进行应用研究。

本书适合石油工程技术人员、科学技术工作者、石油院校教师及大学生、研究生参考阅读。

图书在版编目（CIP）数据

低渗透非均质油藏构型参数反演理论方法/刘今子著 . —北京：冶金工业出版社，2018.9

ISBN 978-7-5024-7896-4

Ⅰ.①低… Ⅱ.①刘… Ⅲ.①低渗透油层—油田开发 Ⅳ.①TE348

中国版本图书馆 CIP 数据核字（2018）第 217337 号

出 版 人　谭学余
地　　　址　北京市东城区嵩祝院北巷 39 号　邮编　100009　电话　（010）64027926
网　　　址　www.cnmip.com.cn　电子信箱　yjcbs@cnmip.com.cn
责任编辑　夏小雪　美术编辑　彭子赫　版式设计　孙跃红
责任校对　郭惠兰　责任印制　李玉山
ISBN 978-7-5024-7896-4
冶金工业出版社出版发行；各地新华书店经销；三河市双峰印刷装订有限公司印刷
2018 年 9 月第 1 版，2018 年 9 月第 1 次印刷
169mm×239mm；7.25 印张；122 千字；108 页
32.00 元

冶金工业出版社　投稿电话　（010）64027932　投稿信箱　tougao@cnmip.com.cn
冶金工业出版社营销中心　电话　（010）64044283　传真　（010）64027893
冶金书店　地址　北京市东四西大街46号（100010）　电话　（010）65289081（兼传真）
冶金工业出版社天猫旗舰店　yjgycbs.tmall.com
（本书如有印装质量问题，本社营销中心负责退换）

前　言

　　低-特低渗透非均质油藏开发是我国大部分油田当前和今后相当长时期面临研究的主要课题。尤其，我国面临严峻的能源形势，原油对外依存度持续上升，2017 年甚至超过 72%，守住 2 亿吨原油自给能力底限的国家石油安全红线，急需在油田开发基础理论上取得一定的突破。我国在吉林、大庆、胜利等低-特低渗透非均质油田的开发过程中，积累了大量的开发经验。然而，总体上，并未形成统一的认识和合理开采低-特低渗透非均质油藏的有效理论方法。其中，低渗透储层的非均质性对产能的影响研究，不仅对发展低渗透储层非均质特征渗流数学模型理论，研究低渗透储层产能与启动压力梯度间的机理和规律，同时对推动储层渗流理论研究的进展也具有十分重要的意义。

　　本书基于低渗透储层的启动压力梯度函数，构建非线性渗透率分布构型，阐述不同渗透率构型对产能计算的影响和反演优化构型参数的方法运用，形成利用生产动态资料反演构型参数的算法，并且通过数值模拟的实例进行应用研究，有利于储层精细描述理论的发展和油田挖潜措施的确定。

　　目前，已出版的有关低渗透非均质油藏针对渗透率构型渗流特征研究的图书较少，大部分是对低渗透非均质油藏的实验描述和数值模拟。希望本书的出版能为石油科技、工程技术人员、大专院校师生在研究低渗透非均质油藏有关渗流特征的学习和应用中起到积极的推动作用。

本书获得国家自然科学基金项目（驱油相自扩大波及体积提高采收率新方法，51834005）和东北石油大学研究生教育教学改革研究项目（JYCX_JG10_2018）的联合资助。

由于时间仓促及作者水平有限，书中错误和不妥之处在所难免，恳请广大读者批评指正。

著　者

2018 年 9 月

目　录

1 绪 论

1.1 前言

随着世界经济发展和科技进步对能源的需求逐年增大，使得石油工业面临前所未有的机遇和挑战。现有的油田勘探与开发技术水平都已达到较高的程度，勘探难度日益加剧。只有对油气勘探理论与技术进行创新性的不断深入探索和研究，才能适应经济发展和科技进步的需求，才能促进油气勘探开发事业的可持续科学发展。

近6年来，中国能源对外依存度上升较快，国内原油生产与消费缺口从2.5亿吨增加到3.58亿吨，原油增产压力不断加大，对外依存度从55.2%上升到65.5%。我国早已成为除美国之外的第2大石油消费国，年进口的原油量已接近国内石油的年产量。因此，中国应该坚持"立足国内"的油气发展方针，树立兼顾安全和效益的石油安全观，变产量目标为原油自给能力目标，守住2亿吨原油自给能力底限，加强战略保障。

储量是石油上游业务赖以生存和发展的基础，是保障国家能源安全的根基所在。我国石油工业的"四高"现象有：我国经济增长对石油持续的高需求，中国石油勘探开发始终保持高强度，中国石油工业建设始终维持高速度，中国下一步勘探开发将面临高难度。

尤其是历经几十年发展，各油气田勘探程度越来越高，资源品质劣质化趋势越发明显，寻找规模优质储量的难度持续升级。20世纪90年代开始，我国油气勘探整体进入以岩性油气藏为主的阶段。"十二五"期间，我国已探明石油储量中，低渗、超低渗储量占70%，低丰度储量占90%以上，整体进入低品位资源勘探阶段。

国内低渗透油田石油地质储量丰富。据初步统计，渗透率小于50mD的非稠油低渗透储层中，未动用储量占全国未动用储量总数的50%以上。低渗透油田虽然地质条件差、开发难度大，但随着我国经济的快速发展，对石油产品的需求越来越大，低渗透油田的丰富石油储量越来越受到关注，研究低渗透下非均质储层的结构特征、影响因素就越发重要。

低-特低渗透储层开发是我国大部分油田面临研究的主要课题，对这类储层的研究是国内外当前和今后相当长时期开发的重点。我国在长庆、吉林、大港、大庆、胜利等低渗透和特低渗透油田的开发过程中，积累了一些开发认识和经验。但是，总体上，未形成统一的认识和合理开采低渗透和特低渗透油田的有效方法。

由于低-渗透和特低渗透储层地质条件差，孔隙极其微小，很大一部分流体在渗流过程中被毛管力和黏滞力所束缚不能参与流动，只有能参与流动的流体才是开发中亟待确定和认识的问题。因此，开发低-渗透和特低渗透油田，首先应做好渗流规律的认识和开发潜力评价的工作。

在油藏勘探和开发的实际过程中，由于油藏具有非均质性，使得相邻不远处的两口井的生产动态特征经常表现出显著的区别。甚至，用肉眼观察这两口井取出的岩样，就能发现其具有明显不同的性质。

针对低渗透和特低渗透储层的开发研究，一直是国内外油气田开发的重点和难点。其中，低渗透储层的非均质性对产能的影响，更是重中之重，不仅对发展低渗透储层非均质特征渗流数学模型理论，研究低渗透储层产能与启动压力梯度间的机理和规律，同时对推动储层渗流理论研究的进展也具有十分重要的意义。

虽然实际油藏的非均质特性严重，但是现有的油藏工程计算公式采用的都是基于渗透率和厚度均值变化，并没有深入研究油藏参数在非均值变化情况下的压力和产量之间的非线性关系，也未探索井网或全油藏的参数区域连续性非线性变化对渗流特征的影响。

本研究基于低渗透储层的启动压力梯度函数，通过建立非均质储层的非线性渗透率分布构型，构建低渗透非均质储层下渗透率分布构型参数优化反演数学模型，并建立利用生产动态资料反演构型参数的算法，可以实现利用生产动态资料的压力和产量，确定储层渗透率分布的形态，有利于储层精细描述理论的发展和油田挖潜措施的确定。

1.2 低渗透油藏渗流特征研究概论

低渗透储层一般是指储层空气渗透率小于 50mD 的储层。近几年，低渗透和特低渗透储层在新增探明储量中所占的比例越来越大，已经成为增储建产的主要组成部分[1~3]。中石油勘探开发研究院为行业确立新的砂岩储层分类标准，采用覆压基质渗透率指标对砂岩储层进行分类：不小于 50mD 为高渗、10~50mD 为中渗，1~10mD 为低渗，0.1~1mD 为特低渗，不大于 0.1mD 为致密。新标准中明确指明是覆压条件，不是常压条件。

我国一般将渗透率在 $50 \times 10^{-3} \mu m^2$ 以下的油田称为低渗透油田。研究表明，低渗透储层具有非达西型渗流特征，其主要特点是：

（1）低渗透储层具有启动压力梯度，呈非达西型渗流特征。

（2）低渗透储层渗透率对原油采收率具有明显影响。

实验研究表明，对一般中高渗透储层，渗透率基本不影响原油采收率；当渗透率降低至某个界限后，对采收率产生明显影响，渗透率越低，影响越大，其采收率也就越低。

1983 年，西安石油学院的阎庆来等人[4]总结低渗透油层中单相液体渗流特征的实验结果，提出在较低速度下为非达西渗流规律，渗流曲线存在非线性段，渗透率越低，非线性断延伸越长，曲线曲率越小，启动压力梯度越大；在较高渗流速度下为具有初始压力梯度的拟线性流动。1985 年，冯文光、葛家理[5]研究单一介质、双重介质中低速非达西渗流问题，求得压力动态。陈永敏[6]分别测试四块人造胶结岩心的不同黏度模拟油渗流特性以及五块不同渗透率砂岩的水渗流特性，得出低渗透岩石具有明显的启动压力梯度和非线性低速渗流特性。冯文光、葛家理[7,8]通过研究发现，单一介质、双重介质以及考虑续流和趋肤效应时非达西低速不稳定渗流及凹形压力恢复曲线进行研究，这是国内对考虑启动压力梯度的低速非达西渗流试井问题最早进行的研究。之后，程时清等人[9~11]也对低速非达西渗流的试井分析问题进行了研究。黄延章等人[12,13]通过大量的实验资料，在单相流的基础上进一步对低渗低速非达西多相流问题进行了研究，提出低渗透油田相渗曲线的计算方法，并引用常用的两种近似方法，积分法和压力导数平均法来求低渗透不稳定渗流问题的近似解析解，还对低渗和高渗两种低速非达西渗流的区别进行概括；给出低渗透油层中油水渗流的基本特征：当压力梯度在比较低的范围内，渗流曲线呈下凹型非达西渗流曲线；当压力梯度较大的时候，渗流速度呈直线增加；直线段的延伸与压力梯度轴的交点不经过原点，该点称为平均启动压力梯度；渗流特征与渗透率和流体性质有关，渗透率越低，或者原油黏度越大，下凹型非达西曲线延伸段延伸越长，启动压力梯度越大；黄延章还提出渗流流体的新概念。阎庆来[14]通过油水两相渗流实验结果发现，低渗透油层中油水两相渗流，油水过渡带比高渗透要长，渗透率越低，过渡带越长，这是与高渗透油层不同的地方，说明低渗透油层中油水两相渗流规律与高渗透不同。程时清等人[15]对低速非达西油水两相渗流的数值模拟问题进行了研究，建立数学模型，并采用有限差分法对数学模型求解，通过实例计算发现：非达西渗流情况下的产油量远小于达西渗流；相同含水率下，非达西渗流时的采油指数较达西渗流时小；降低表皮系数可提高油井产量和采油指数，减缓产水量上升速度。此外，国外学者也对低渗透非达西渗流特征描述和渗流理论进行过很多类似的研究[16~26]。

邓英尔等人[27~29]研究了具有启动压力梯度的油水两相渗流时开发指标的计算方法、垂直裂缝井两相非达西椭圆渗流的开发指标计算方法及启动压力梯度对低渗透油田注水开发的影响。宋付权等人[30]也研究了低渗透储层水驱油两相渗流问题。目前，国内对油水两相启动压力梯度的实验研究鲜有进展，一些学者[31~50]均是仿照单相流体"压差-流量"法测定两相流体渗流时不同含水饱和度下的启动压力。

对于低渗透油藏渗流数学模型及求解方面，国内外也有很多相关的研究工作[51~69]。

1997 年，冯曦[70]建立了基于低速非达西渗流规律的固定边界试井模型，并用幂级数求解法求得模型的解析解，在计算压力降落试井标准曲线时，根据流体从静止到流动所需的启动压差确定不同时刻对应的流动区域半径，再用固定边界模型解析解计算井底压力与时间的对应关系，以此作为动边界模型试井曲线的一种数值逼近。应用这种特殊求解方法进行分析计算，发现低速非达西渗流试井模型的一些重要动态特征。李凡华[71]在低渗透储层中，含启动压力梯度的压力传播并非瞬时达到无穷远，其渗流规律与达西流的渗流规律差别很大，提出准确描述含启动压力梯度的非达西渗流的试井分析模型，用一种稳定性极好的数值计算方法求得无限大和有界储层的典型曲线，并分析其特征，为正确认识低渗透油气藏的特殊规律提供方法。1999 年，宋付权[72]认为低渗透储层的渗流不符合达西定律，其明显的特点是存在启动压力梯度。为测量启动压力，以质量守恒定律为基础，推导出压力恢复稳态测压法求解启动压力梯度的公式。2000年，程时清[73]研究非均质径向储层低速非达西渗流动边界问题的数值解，然后给出含启动压力梯度和地层流量分布的井底压力及其导数关系式，讨论启动压力梯度和动边界对压力曲线的影响。2000年，贾永禄[74]基于这种生产实际问题，建立近井区为双孔介质达西渗流，远井区为存在启动压力梯度的低速非达西渗流模型的特殊复合油气藏渗流模型，同时考虑了井筒变井储问题及外边界有界的情况，通过求解模型，分析压力动态特征，制作特殊开采方式下的试井分析样板曲线，为特低渗透油气藏的地层参数反求提供新的模型和方法。2001年，宋付权[75]针对低渗透岩心稳定时间长，流量精确测量困难的问题，设计一种用非稳态渗流测压方式求解岩心的启动压力梯度的方法；理论方面，考虑启动压力梯度和动边界的影响，建立低渗透岩心中液体的不稳定渗流方程，并用数值有限差分的方法求解，得到岩心封闭端的不稳定无量纲压力曲线。2002年，刘曰武[76]描述和评价确定低渗透储层启动压力梯度的三种方法，重点介绍低渗储层试井分析确定启动压力梯度的方法和实际应用意义，给出低渗储层试井分析模型与常规中高渗储层试井分析模型的对比。2008年，蔡明金[77]在运动方程中加入启动压力梯度，考虑地层渗透率随压力的变化而变化，建立应力敏感带启动压力梯度均质低渗透储层试井解释模型，应用预估校正法对所形成的非线性抛物型方程进行线性化，采用追赶法进行求解。2008年，李松泉[78]建立考虑启动压力梯度和介质变形的特低渗透储层单相和油水两相非线性渗流数学模型，对于单相渗流，给出定产量、变产量和定流压条件下模型的解；对油水两相非活塞驱替，给出分流量方程、油水前缘位置方程及压力、产量方程，并给出求解方法。

目前，国内外这方面的研究，一直将启动压力梯度中的渗透率作为常数，拟合或回归启动压力梯度与渗透率的关系，进行产能计算[79~89]。

1.3 低渗透油藏非均质特性研究概论

储层的非均质性指储层参数在平面乃至三维空间的变化规律，是储层表征的核心内容。对于不同非均质条件下的油气藏，国内外学者进行了一系列的研究，既有从理论角度的深入剖析、室内物理实验的模拟，也有丰富的矿场开发经验总结，还有现在应用广泛的数值模拟。

从非均质物理模型实验方面,何顺利、李中锋[90]等人建立不同的非均质线性模型,认为平面非均质模型单向渗流时,剩余油饱和度和驱油效率与岩心渗透率无关,而与岩心所处位置密切相关。李宜强、隋新光等人[91]在纵向非均质大型平面模型上进行了聚合物驱油物理模拟实验,实验表明与层间非均质地层相比,在聚合物驱后,通过进一步提高驱替相的波及体积来挖潜层内非均质地层顶部剩余油的潜能更大。李中锋、何顺利等人[92]对不同的三维非均质模型进行水驱油试验,发现:纵向非均质模型的水驱油采出程度最高,平面非均质模型的水驱采出程度最低,剩余油最高;平面非均质模型中 2 个渗透层间窜流是剩余油过多的主要因素,运用微凝胶调驱后,可改善水驱波及体积,大幅度提高采出程度。胡勇、朱华银等人[93]建立高、低渗"串联"气层物理模型和实验模拟方法,模拟平面非均质(近井高渗、外围低渗)气层衰竭开采时压力传播及边界剩余压力特征、高低渗气层供气特征、单井生产动态特征和配产对气井生产的影响,为研究类似低渗气藏开发开辟新的研究思路和方法。对于"近井高渗、外围低渗"气层的非均质模型,压力将以"漏斗"形式传播,高渗气层压力下降快,低渗气层压力下降相对缓慢,且实验废弃压力时低渗气层边界仍具有较高剩余压力。对于非均质气层,外围低渗气层应存在渗透率下限,渗透率低于下限的气层,采用常规衰竭方式开采,其储量难以得到较好动用。

从数学模型方面,李其深等人[94]将非线性分形理论应用于描述储层非均质渗流中,建立了双渗分形储层的渗流数学模型,通过正交变换方法得到模型的精确解。向开理等人[95]将分形几何理论应用于渗流力学,详细描述了不等厚分形复合储层的不稳定渗流试井分析理论及数学建模方法,讨论了模型的求解方法并给出 3 种典型边界条件下模型在 Laplace 空间的解析解。程时清等人[96]研究低渗透储层低速非达西油水两相渗流的反问题,建立基于动态信息的储层敏感系数计算模型,给出井底压力和水油比关于渗透率和孔隙度的敏感系数的有效算法。程时清等人[97]将地质统计学方法引入到油气藏参数识别中,建立初始油气藏孔隙度、渗透率参数和压力拟合的目标函数,实现了一种有效反求非均质低渗透储层参数的方法。

从数值模拟方面,柴乃序[98]对非定常、非均匀多孔介质中水驱油两相渗流进行了数值模拟，从理论上论证高注低采比低注高采更能提高采收率。周煦迪等人对[99]储层渗透率纵向非均质性分布的六个参数进行数值模拟研究，得到如下结果：反旋回型的储层水驱采收率高于正旋回型储层；变异系数越大，储层的水驱采收率越低；K_v/K_h 值（垂直渗透率与水平渗透率之比）对正、反旋回型储层水驱采收率的影响规律不同；最大渗透率层的位置是影响正旋回型储层水驱采收率的重要因素。喻高明等人[100]运用一维两相流动理论来研究水驱油过程的规律，重新推导一套非均质储层水驱开采时各项指标的计算公式，改正了原有方法在无因次时间处理上的错误，大大提高了预测精度。李捷、邱勇松等人[101,102]研究低渗油层注水开发层间突进现象，针对表外油层的储层特性，利用低渗透储层渗流的基本理论，推导出表外油层注水开发时水驱前缘的流动公式，为避免这一现象提供了理论依据。于开春等人[103]按沉积微相选用相对渗透率曲线，将精细地质研究成果应用到数值模拟中，数值模拟结果表明：用相控方法建立的地质模型，能反映各个单砂层的平面分布特点及对流体平面流动的控制。何应付、尹洪军[104]利用扰动边界元方法分析任意形状非均质储层的不稳定渗流的压力动态。尹洪军、贾俊飞等人[105]建立考虑源（汇）影响的任意形状非均质储层稳定渗流的数学模型，采用区域剖分边界元方法对其进行求解，获得了任意形状、复杂边界条件下非均质储层内的压力分布，绘制相应的压力剖面图。

虽然国内外学者对储层的非均质性进行大量研究，但并未有成熟的描述储层非均质性的渗流数学模型，未形成完整的反映非均质性渗透率构型的储层渗流理论。

1.4 非均质油藏渗流反问题研究概论

现阶段，研究储层表征非均质特征的动静结合方法，以反问题理论为基础，利用实测或动态数据结合先验数据，反求储层地层参数分布，主要分为两大方向：地震测井技术和试井分析。

第一个方向：地震测井技术是利用静态数据（测井、岩心、地震和地质）产生的离散参数值，把动态数据作为约束条件，结合地质统计学的插值方式，建立描述储层的参数分布。

从 20 世纪初开始到 50 年代，地球物理方法和技术的不断发展，建立多种求解反演问题的定量计算理论，奠定测井和地震研究的理论基础。

20 世纪 60 年代，G. E. Backus 和 J. F. Gilbert[106,107]发表一系列的重要文章，奠定近代地球物理反演理论的基础，称之为 Backus-Gilbert 理论。

20 世纪 70 年代，R. A. Wiggins[108]用矩阵将 Backus-Gilbert 理论表达为离散形式，D. D. Jackson[109]用广义逆理论详细探讨线性反演问题在各种情况下的解。

20 世纪 80 年代，这一阶段，地震测井取得深入的进展使之应用于实际。1983 年，D. W. Oldenburg[110]最先将线性规划应用于地球物理反演问题，得到具有极小结构波阻抗反演结果。1987 年，A. Tarantola[111,112]从概率统计的角度，直接引入先验的协方差矩阵和数据误差的数据协方差等先验信息到反演计算公式中，形成广义反演方法。

20 世纪 80 年代后期，从测井与地震的频率特性考虑，R. D. Martinez[113]（1988 年）提出了多井参数约束的联合宽带反演方法。另外，L. R. Lines，S. Treitel[114]（1982 年），D. A. Cooke 和 W. A. Schneider[115]等学者从不同的认识角度，进一步发展和完善了地球物理反演理论。

20 世纪 90 年代初，M. K. Sen 和 P. L. Stoffa[116]等人使遗传算法广泛用于一维地震波形反演。M. Sambridge[117,118]等人用遗传算法实现了对地震反演多参数的优化问题。F. Boschetti[119,120]等人对遗传算法的应用进一步研究。J. L. Baldwin[121]将神经网络首先应用于测井解释，M. D. McCormack[122]等人推广神经网络的应用。1998 年，Z. Liu[123]用神经网络直接从地震数据预测测井属性，将神经网络用于建立地震数据和测井属性之间的函数关系，使得基于智能算法的地震测井联合反演成为可能。D. Hampson[124]等人将神经网络方法成功用于地震多参数外推测井属性。

国内学者也做了大量的工作，韩波[125,126]，傅红笋[127,128]，刘克安[129~132]，张新明[133~135]等人进行基于双相介质波动方程建立孔隙率反演算法的研究。张亚敏[136]、邹冠贵[137]、刘爱群[138]等人用波阻抗反演孔隙度。伍先运[139]、侯春会[140]等人利用声波场理论研究反演储层渗透率。黄捍东[141]等人利用小波分析技术反演储层厚度。杨斌[142]、李达[143]、杨松桥[144]等人进行储层参数非线性反演方法的研究。

但是，用地震测井反问题方法表征储层参数分布的局限性在于：用地球物理方法求渗透率大都必须依据岩心分析或其他资料，而且精度不高，只能代表井底周围附近地带的情况。

第二个方向：试井分析反问题是基于动态资料的历史拟合，寻找满足最优相关的储层参数分布的概率密度函数，修整初始储层参数分布。

20 世纪 70 年代，A. Tarantola[145~150]等人提出反问题解决数据拟合和参数估计问题的基本算法，作为历史拟合的理论基础。另外，J. Carrea 和 P. S. Neuman[151~153]进行一些反演水力参数的工作，作为指导性尝试。

20 世纪 80 年代左右，G. R. Gavalas 和 J. h. Steinfeld[154,155]等人的大量工作，奠定试井辅助历史拟合反问题的思想和实现。

20 世纪 90 年代后，D. S. Oliver 和 A. C. Reynolds[156~161]等人将 A. Tarantola 的原理引入到储层描述中来，并将 G. R. Gavalas 的工作延伸到两维单相流问题，并考虑以多井压力数据为条件，研究反演储层参数分布，利用有效的数值计算方法使得通过历史拟合确定储层参数分布。

国内学者在这个方面，也进行大量的研究工作。程时清[162~165]等人根据已知的静态参数利用生产的动态数据反求确定储层参数分布的计算方法。刘慧卿[166]、王曙光[167]、闫霞[168]等人对自动历史拟合进行研究。刘方阁[169]等人从微分方程反问题的角度研究反演渗透率。郑琴[170]对地层伤害偏微分方程进行研究。

但是，用试井技术动静结合历史拟合的方法表征储层参数分布的局限性在于：只能求得与井的产能直接相关的、代表井附近一定范围的平均有效渗透率，并不能描述井网或区块的储层参数区域性非均质分布特点，也不能充分反映出非均质储层里流体的渗流特征。

总之，无论地震测井技术和试井分析，都是针对单井或者井四周的储层参数特点，并未考虑注采井间非均质特征的区域性变化，也不能反映由储层非均质性特征所引起井间和井组的连续性非线性渗流特征，未形成全油藏参数区域分布整体反演渗流特征的理论。

1.5 反问题算法研究现状

早在 20 世纪 20 年代，J. Hadamard[171]在研究微分方程的 Cauchy 问题时，就基于反演问题的不适定性进行过阐述和初步的理论探讨。

20 世纪 40 年代，A. N. Tikhonov 等人[172]开展反问题的基础理论研究，并建立 Tikhonov 变分正则化方法。

另外的研究方向，以 L. Landweber[173] 为典型代表的迭代正则化法方法。以 M. Z. Nashed[174~181] 为代表的广义逆方法，分为内逆法和外逆法。

20 世纪 80 年代，C. W. Groetsch[182~189] 和 V. A. Morozov[190~193] 等人将不适定问题的正则化转化到泛函空间里，并进行完整的数学描述。

20 世纪 90 年代，B. Kaltenbacher[194~196]、A. Frommer[197] 等人使得 Newton 型方法和梯度型方法得到进一步发展。但是，这两种方法属于局部线性化，原理简单易用，使得被广泛应用。

与这些方法截然不同的是完全非线性反演方法——Monte Carlo 方法。早期的 Monte Carlo 方法是完全随机地在空间中进行搜索，具有盲目性。20 世纪 80 年代以来，发展多种启发式的 Monte Carlo 型方法，如 S. Kirkpatrick[198] 等人研究以统计力学为基础的模拟退火（Simulated Anneling）算法，J. H. Holland[199,200] 等人以生物遗传工程为基础的遗传（Genetic）算法，J. J. Hopfield[201] 等人研究神经网路算法等。这些方法不仅运算速度快，而且还能基本保证在较为现实的时间内搜索到目标函数的整体极值。

国内对反问题的研究起步相对较晚。冯康[202] 于 20 世纪 80 年代开展反演理论方法在相关领域的应用。随后，黄光远[203~210]，栾文贵[211~216]，苏超伟[217]，肖庭延[218] 等学者针对地球物理中反问题的系统理论论述、波动方程反演问题的理论和算法的系统研究、控制和脉冲谱角度对反演问题的论述等多个方面进行研究。

总之，国内外关于反演算法的基本理论研究还是以 Tikhonov 建立的正则化理论为基础而发展的，现在通用的大部分优化方法实质或者在一定的适当条件下，都可以作为或者转化为正则化方法，还未有理论性的创新。

1.6　小结

本章基于非均质储层渗透率构型的 3 种典型分布模式，考虑低渗透储层启动压力梯度函数的影响，将渗透率构型引入到启动压力梯度函数表征方程，推导单相流动时的产能计算公式，建立利用生产动态资料反演渗透率构型参数的优化算法，并通过数值模拟，进行验证计算。然后，结合两相渗流的相渗曲线关系和启动压力梯度方程，推导出两相渗流时产能计算公式及优化反演构型参数方法，并通过数值算例验证。最后，在不同井网类型的条件下针对流动分区进行演算，并形成全油藏下的数值理论计算方法。

　　本书在前期大量调研的基础上，建立非均质储层参数区域分布模型，然后考虑单相和两相情况下的非均质低渗透储层渗流数学模型，在不同的井网条件下进行验算，进而推广到全油藏，实现多尺度下的参数区域分布渗流特征反演理论。

2 低渗储层物理特征实验研究

2.1 前言

低渗储层地质条件差，孔隙极其微小，很大一部分流体在渗流过程中被毛管力和黏滞力所束缚不能参与流动，只有能参与流动的流体才是开发中亟待确定和认识的问题。因此，低渗储层的开发首先应做好渗流规律认识和开发潜力评价工作。渗流机理研究是认识流体在多孔介质中的流动特点并为油田开发部署决策提供物理依据的重要课题。不认识流体在多孔介质中的渗流机理，就难以认识油田开发过程中出现的复杂现象，难以提出正确的油田开发部署决策，更难以实现油气田的合理高效开发。

目前，石油行业已经建立室内研究储层非均质对水驱油的影响、测定启动压力梯度影响和油水两相相渗特征参数的实验技术，形成相应的《中华人民共和国能源部石油行业标准》作为实验中的操作规范。其中包括：

（1）借助储层流场与电场相似的原理，通过将渗透率级别不同的几块岩心进行串联组合来模拟储层渗透率的非均质性；

（2）采用稳定流法获得岩心的启动压力梯度，即通过改变流量测定流动稳定后岩心两端的驱替压差，绘制非达西渗流曲线，然后对渗流速度-驱替压力梯度数据进行多项式拟合，得到拟合公式；

（3）根据岩芯的油水相对渗透率资料，绘制相渗关系图表。

2.2 实验方法及过程

实验用水：参照现场地层水资料，实验室配制。

实验用油：黏度为 4.2mPa·s，实验室配制模拟油。

实验仪器：平流泵、连接线、六通阀、中间容器、岩心夹持器、秒表、流体计量设备、压力传感器、标准数字压力表、真空泵、恒温箱、手摇泵、电子天平、磁力搅拌器、活塞容器等。

实验过程如下：

（1）将岩心预处理，烘干、饱和地层水；

（2）将两个岩心装入两个岩心夹持器，升至试验温度，造束缚水，用油驱替岩心，待采出液含油100%时，将岩心老化24h；

（3）实验开始，将实验室配制的模拟地层水水驱岩心至含水98%以上，记录各个时段的压差、产水量、产油量等；

（4）串联实验时，分别记录各时间段单个岩心夹持器的采油数据；测试启动压力梯度时，分别改变实验流量，记录不同流量下岩心两端的压力差值。

室内实验研究储层平面非均质对水驱油影响的方法是建立平面非均质模型。平面非均质模型：采用岩心串联组合试验技术，将岩心放入长岩心夹持器（忽略端点效应的影响），构成线性渗流模型。

2.3 实验结果及分析

2.3.1 非均质低渗储层串联组合水驱实验

采用岩心串联组合实验技术，将岩心放入岩心夹持器（忽略端点效应的影响），构成韵律模型。非均质串联组合水驱实验基本数据和结果见表2-1。

表2-1 岩心串联组合实验结果

序号	岩心编号	渗透率/mD	含油饱和度/%	渗透率级差	总采收率/%
串1	1	8.241	52.5	17.02	38.17
	2	0.484	47.9		
串2	1	9.875	51.0	1.02	45.22
	2	9.624	49.8		

由表2-1可知，随着渗透率级差变化，岩心水驱采收率不同，呈现出随着渗透率级差增加采收率逐渐变小的趋势。

渗透率级差为1.02的岩心注采关系曲线如图2-1所示，渗透率级差为17.02的岩心注采关系曲线如图2-2所示。

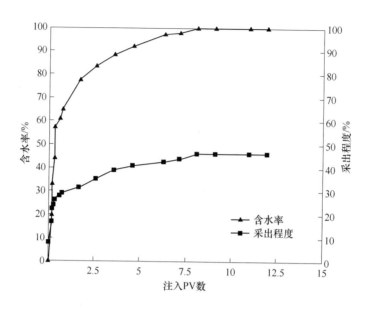

图 2-1 渗透率级差为 1.02 的岩心注采关系曲线

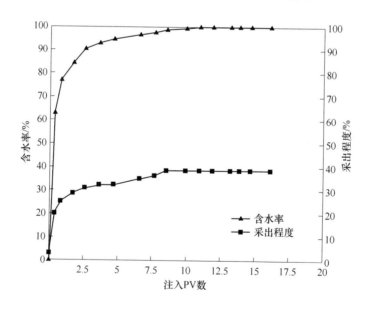

图 2-2 渗透率级差为 17.02 的岩心注采关系曲线

从图 2-1 和图 2-2 的岩心注采关系曲线可以看出，在水驱过程中，含水率缓慢上升，但在相同的注入 PV 数下，其含水率并不相同，在注水过程中，非均质较强的岩心组合，渗透率较高的岩心优先被水波及到，内部的可动油会被水驱动出来,很快内部可动油的空间就被水占据,形成水可以顺利流动的通道,而渗透率较低的,由于其毛管力较大,水驱过程需要较大的驱动力才能驱动,由于串联的岩心在注水过程中,注入水必须通过串联的每个岩心。因此,使得注入的压力升高很快,这样有利低渗岩心的驱油,非均质性越弱,含水率上升较快,见水越快。

2.3.2 低渗储层的启动压力梯度影响实验

表2-2是6块岩心储层物性参数和启动压力测试结果。从表2-2可以看出,渗透率越高,启动压力梯度越低,而且这种规律分布非常明显。

表2-2 6块岩心的启动压力梯度测试结果

岩心编号	长度/cm	直径/cm	岩石密度/g·cm⁻³	孔隙度/%	渗透率/mD	启动压力梯度/MPa·m⁻¹
1	5.00	2.5	2.31	14.20	0.30	0.302
2	4.96	2.5	2.24	15.90	1.05	0.052
3	5.05	2.5	2.29	14.10	0.50	0.179
4	5.06	2.5	2.24	16.20	0.39	0.222
5	5.05	2.5	2.21	17.20	2.40	0.020
6	5.00	2.5	2.24	15.70	0.84	0.077

图2-3给出了启动压力梯度与渗透率关系曲线,从图2-3可以看出,当渗透率小于 1×10^{-3} μm² 时启动压力梯度极速增大,为此应根据储层渗透率

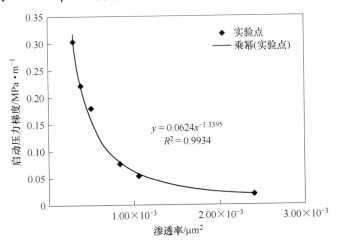

$$y = 0.0624x^{-1.3395}$$
$$R^2 = 0.9934$$

图2-3 启动压力梯度与渗透率关系曲线

的高低选择合理的储层注入压力梯度。

表 2-3 是两相时启动压力梯度影响的实验结果。实验表明：低渗透油田两相流动时启动压力梯度比单相时大 5~10 倍。

表 2-3　两相时启动压力梯度实验结果

岩心编号	样品深度 /m	长度/cm	直径/cm	气测孔隙度 /%	水测孔隙度 /%	渗透率 /μm²	启动压力梯度 /MPa·m⁻¹
1	2640.82	5.01	2.49	17.2	16.2	1.98×10^{-3}	0.0319
2	2558	4.93	2.49	20.2	19.2	1.39×10^{-3}	0.027
3	2729.3	4.97	2.49	17.2	16.3	1.18×10^{-3}	0.0402
4	2750	4.93	2.49	14.7	13.3	0.84×10^{-3}	0.0574
5	2810.6	4.97	2.49	16.7	15.1	0.7×10^{-3}	0.0937
6	3394.5	4.92	2.49	15.2	14.1	0.39×10^{-3}	0.3092
7	3656	4.95	2.49	13.2	12.0	0.34×10^{-3}	0.8318
8	3151.3	4.99	2.49	13.7	12.4	0.25×10^{-3}	0.594
9	2767	4.94	2.49	11.4	10.5	0.17×10^{-3}	0.5778
10	2599	4.97	2.49	13.2	10.8	0.11×10^{-3}	48.082
11	3661	4.96	2.49	10.4	9.4	0.09×10^{-3}	2.4912
12	3148	4.92	2.49	7.6	2.8	$< 0.04 \times 10^{-3}$	16.898

2.3.3　低渗储层的水驱油实验

水驱油的实验结果见表 2-4 和表 2-5，测定原始含油饱和度（S_{oi}）、采收率（$Rec.$）、可动油饱和度（S_{om}），束缚流体饱和度，含水率（f_w）与注水量（PV）的关系。

表 2-4　岩心水驱油实验结果

岩心编号	S_{oi}/%	$Rec.$/%	残余油饱和度/%	空气渗透率/μm²
1	0.681	57.70	28.80	2.28×10^{-3}
2	0.669	45.80	36.20	1.05×10^{-3}
3	0.652	40.00	39.10	0.50×10^{-3}
4	0.602	41.70	35.10	0.30×10^{-3}
5	0.667	45.40	36.40	0.84×10^{-3}
平均	0.654	46.12	35.12	0.99×10^{-3}

表2-5 各岩心水驱油实验结果对比

岩心编号	空气渗透率/μm^2	初始见水后				注入孔隙体积1PV 时			含水100%
		注入孔隙体积/PV	含水率/%	对应采出程度/%	对采收率贡献率/%	含水率/%	采出程度/%	采收率/%	对应采收率下注入总的孔隙体积/PV
1	2.28×10^{-3}	0.341	50.0	48.1	83.3	95.0	53.1	57.70	4.35
2	1.05×10^{-3}	0.278	50.0	37.5	81.9	97.0	43.6	45.80	1.89
3	0.50×10^{-3}	0.261	66.7	30.0	75.0	95.6	36.4	40.00	2.38
4	0.30×10^{-3}	0.301	75.0	33.3	79.8	96.4	38.9	41.70	1.71
5	0.84×10^{-3}	0.333	75.0	36.4	80.1	93.4	43.0	45.40	1.70
平均	0.99×10^{-3}	0.303	63.3	37.1	80.0	95.5	43.0	46.12	2.41

1号岩心驱替倍数与采出程度变化关系曲线，如图2-4所示。

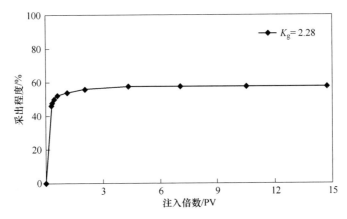

图2-4 1号岩心驱替倍数与采出程度变化关系曲线

1号岩心驱替倍数与含水率变化关系曲线，如图2-5所示。

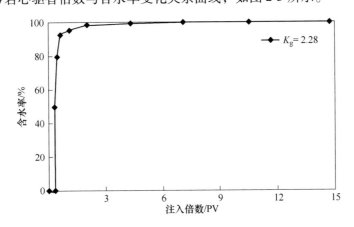

图2-5 1号岩心驱替倍数与含水率变化关系曲线

2 号岩心驱替倍数与采出程度变化关系曲线，如图 2-6 所示。

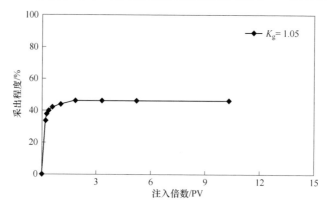

图 2-6   2 号岩心驱替倍数与采出程度变化关系曲线

2 号岩心驱替倍数与含水率变化关系曲线，如图 2-7 所示。

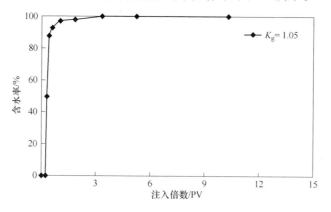

图 2-7   2 号岩心驱替倍数与含水率变化关系曲线

3 号岩心驱替倍数与采出程度变化关系曲线，如图 2-8 所示。

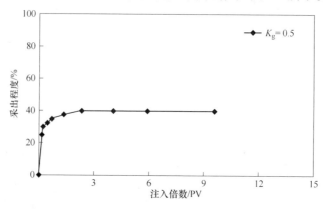

图 2-8   3 号岩心驱替倍数与采出程度变化关系曲线

3 号岩心驱替倍数与含水率变化关系曲线，如图 2-9 所示。

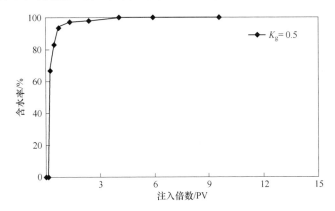

图 2-9 3 号岩心驱替倍数与含水率变化关系曲线

4 号岩心驱替倍数与采出程度变化关系曲线，如图 2-10 所示。

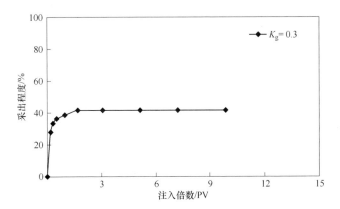

图 2-10 4 号岩心驱替倍数与采出程度变化关系曲线

4 号岩心驱替倍数与含水率变化关系曲线，如图 2-11 所示。

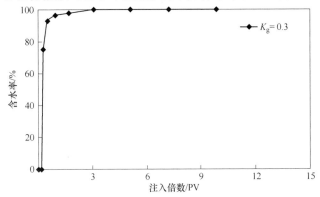

图 2-11 4 号岩心驱替倍数与含水率变化关系曲线

5 号岩心驱替倍数与采出程度变化关系曲线，如图 2-12 所示。

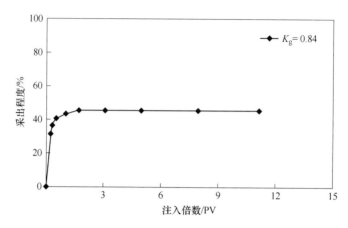

图 2-12   5 号岩心驱替倍数与采出程度变化关系曲线

5 号岩心驱替倍数与含水率变化关系曲线，如图 2-13 所示。

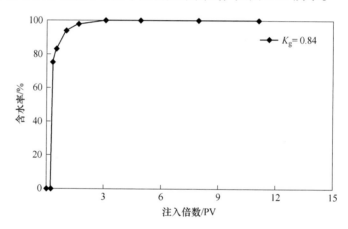

图 2-13   5 号岩心驱替倍数与含水率变化关系曲线

从图 2-4～图 2-13 可知，储层岩心平均原始含油饱和度为 65.4%，平均采收率为 46.12%，平均残余油饱和度为 35.12%，平均束缚水饱和度为 34.6%。实验表明：岩心驱替一旦见水后含水率就迅速上升，渗透率大于 1mD 的岩心含水率在 50%，小于 1mD 的岩心含水率在 70% 左右。当注入孔隙体积为 1PV 时，综合含水率都在 95% 左右，当含水率达到 100% 时，所需的驱替孔隙体积倍数在渗透率小于 1mD 的岩心为 2 倍左右，而渗透率为 2.38mD 的岩心所需驱替孔隙体积倍数为 4.35 倍。由此可以看出，渗透率越低所需驱替孔隙体积倍数比渗透率大的岩心驱替孔隙体积倍数要小。

2.3.4 低渗储层的油水两相相渗实验

表2-6是5块岩心的油水相对渗透率资料。由此可以看出，岩心孔隙度在13.6%左右，平均束缚水饱和度为34.6%，残余油饱和度为35.12%，两相流动区在渗透率1mD左右时含水饱和度为0.331～0.638，等渗点含水饱和度在50%左右，平均驱油效率为43.2%。渗透率大于2mD时两相流动区含水饱和度为0.319～0.712，等渗点含水饱和度在62.5%，驱油效率为57.7%。两相区扩宽水饱和度为7.0%。总之，渗透率低，残余油饱和度较高、两相流动区较窄、水驱含水率上升快。

表2-6 油水相对渗透率特征参数表

岩心编号	孔隙度/%	空气渗透率/μm^2	束缚水饱和度/%	残余油饱和度/%	共渗区水饱和度/%	等渗点水饱和度/%	采收率/%
1	15.7	2.28×10^{-3}	0.319	28.80	0.319～0.712	62.5	57.70
2	14.5	1.05×10^{-3}	0.331	36.20	0.331～0.638	53.5	45.80
3	12.4	0.50×10^{-3}	0.348	39.10	0.348～0.609	46.8	40.00
4	12.0	0.30×10^{-3}	0.398	35.10	0.398～0.649	54.8	41.70
5	13.4	0.84×10^{-3}	0.333	36.40	0.333～0.636	51.9	45.40
平均	13.6	0.99×10^{-3}	0.346	35.12			46.12

岩心编号1（空气渗透率$2.28 \times 10^{-3} \mu m^2$）的相对渗透率曲线，如图2-14所示。

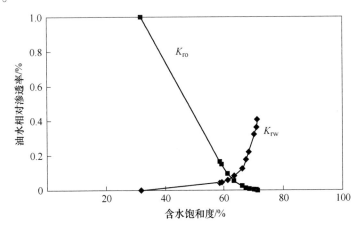

图2-14 岩心编号1（空气渗透率$2.28 \times 10^{-3} \mu m^2$）的相对渗透率曲线

岩心编号 2（空气渗透率 $1.05 \times 10^{-3} \mu m^2$）的相对渗透率曲线，如图 2-15 所示。

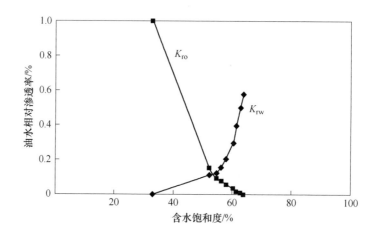

图 2-15　岩心编号 2（空气渗透率 $1.05 \times 10^{-3} \mu m^2$）的相对渗透率曲线

岩心编号 3（空气渗透率 $0.50 \times 10^{-3} \mu m^2$）的相对渗透率曲线，如图 2-16 所示。

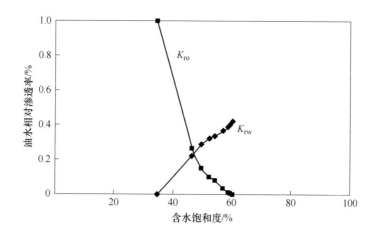

图 2-16　岩心编号 3（空气渗透率 $0.50 \times 10^{-3} \mu m^2$）的相对渗透率曲线

岩心编号 4（空气渗透率 $0.30 \times 10^{-3} \mu m^2$）的相对渗透率曲线，如图 2-17 所示。

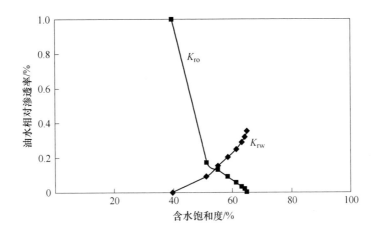

图 2-17 岩心编号 4（空气渗透率 $0.30 \times 10^{-3} \mu m^2$）的相对渗透率曲线

岩心编号 5（空气渗透率 $0.84 \times 10^{-3} \mu m^2$）的相对渗透率曲线，如图 2-18 所示。

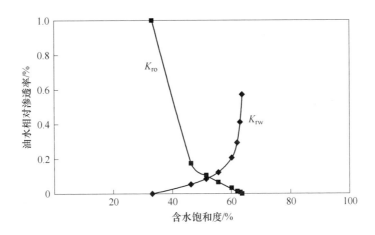

图 2-18 岩心编号 5（空气渗透率 $0.84 \times 10^{-3} \mu m^2$）的相对渗透率曲线

从岩心的油水两相相对渗透率曲线的形态来看（如图 2-14 ~ 图 2-18 所示），相渗曲线的形态可为：X 分布形态和直线形态。其中，X 分布形态说明，含水饱和度小于 0.5 时，水相渗透率随含水饱和度缓慢增加；当含水饱和度大于 0.5 以后，水相渗透率增加迅速；直线形态说明，随着含水饱和度的增加，其油相相对渗透率下降和水相相对渗透率上升都很迅速。

2.4　小结

（1）串联岩心渗透率级差与采收率的变化关系：随着岩心组合的渗透率级差增加，水驱采收率逐渐降低；渗透率级差越大，其非均质性越严重，水驱采收率越小。

（2）渗透率的不同对启动压力梯度具有显著影响。渗流规律的研究结果表明，当储层岩心渗透率很低时具有非达西渗流特征，存在启动压力，当渗流速度较低时，渗流曲线为明显的非线性特征。岩心启动压力梯度随岩心孔隙度、渗透率和可动流体饱和度的增加而降低。各个有效储层启动压力梯度较低，有利于油田注水开发。当渗透率降低至某个界限后，启动压力明显增大，渗透率越低，影响越大，其采收率也就越低。实验表明：低渗透油田两相流动时，启动压力梯度比单相时大 5 ~ 10 倍。

（3）相渗实验表明，岩心渗透率和储层特性对水驱效果有明显影响，渗透率低的两相流动区范围变窄。岩心渗透率为 1mD 左右时，等渗点的含水饱和度在 50% 左右。渗透率大于 2mD 时，等渗点的含水饱和度在 60% 左右，两相区扩宽含水饱和度为 7.0%，驱油效率要高 10% 左右。

3 低渗储层物理特征及表征方法理论研究

3.1 前言

低渗储层具有非达西渗流特征。低渗储层需要有一附加驱替力才可以使流体开始流动，即低渗储层中的流体流动具有启动压力。低渗储层岩石由大小不同的细小孔隙孔道构成，启动压力也各不相同，孔道越细小启动压力越大。因此，低渗储层渗流曲线由两部分组成，低速渗流段呈非线性，高速渗流段呈拟线性。这种低渗非达西渗流特征对低渗油田开发有很大影响，增大流体流动的附加渗流阻力，使油田开发更为困难。

在油藏勘探和开发的实际过程中，由于油藏具有非均质性，使得相邻不远处的两口井的生产动态特征经常会表现出显著的区别。甚至，用肉眼观察这两口井取出的岩样，就能发现其具有明显不同的性质。

虽然实际油藏的非均质特性严重，但是现有的油藏工程计算公式采用的都是基于渗透率和厚度均值变化，并没有深入研究油藏参数在非均值变化情况下的压力和产量之间的非线性关系，也未探索井网或全油藏的参数区域连续性非线性变化对渗流特征的影响。

为解决如何描述实际储层的强非均质特性，难以直接利用现有的油藏工程计算公式进行合理描述的问题。本章基于油藏地质分布特征，以井间油藏参数区域分布为研究对象，总结地质沉积模式和井位优选的设计，构建渗透率非均质特征区域分布的3种典型非线性构型。通过多尺度划分标准：以注采单元为小尺度，以井网模式为中尺度，以全油藏（井组或区块）为大尺度，研究低渗透储层的启动压力梯度数学模型，为下一步基于达西定律，建立低渗透非均质储层的产能计算公式，利用生产动态资料中的压力梯度、产量及启动压力梯度特征参数，建立渗透率分布构型的形态参数优化反演算法提供理论基础。

3.2　低渗储层启动压力梯度数学模型

3.2.1　单相渗流的启动压力梯度数学模型

大量低渗储层岩心室内流动实验表明：当渗流速度很低时，流体的流动为非线性渗流，随着压力梯度增大，渗流由非线性渗流过渡到线性渗流。低渗储层渗流过程属于非达西流动，其流体流动速度与压力梯度成正比，在低速流动流速与压力梯度呈非线性关系。当驱替压力梯度大于真实启动压力梯度时，流体开始流动，此时流体流动的动力主要由流体和岩石的弹性膨胀能量提供，并逐渐过渡为驱替压力与启动压力的差值。因此，流体在多孔介质中流动进入弯曲段时，遵循非达西渗流规律。在这一阶段的物理解释为：随着驱替压力梯度的增大，压差逐渐开始起作用，根据多孔介质流体边界层厚度与驱替压力梯度的关系，边界层厚度降低，表观黏度逐渐降低，流体的渗流速度逐渐增大，渗流速度与驱替压力梯度关系曲线呈现上翘形状。当驱替压力梯度大于对应的压力梯度时，边界层的影响已经变得非常小，表观黏度变化很小，此时进入拟线性流动阶段。对于真实的低速非达西流动是全过程的，其启动压力梯度与渗透率密切相关。岩心渗透率越小，对应启动压力梯度值就越大。经对数据回归分析，得到低渗透油田启动压力梯度与岩心渗透率关系曲线及回归关系式。

总之，低渗透储层由于存在启动压力梯度，渗流特征偏移达西定律。对实验数据进行回归分析，得到启动压力梯度与岩心渗透率关系式为：

$$G = \lambda K^{n_d} \tag{3-1}$$

式中　G——启动压力梯度，MPa/m；

　λ、n_d——回归参数；

　K——渗透率，$10^{-3}\mu m^2$。

低渗透油田启动压力梯度与地层平均渗透率呈幂函数关系。对不同区块的储集层，只要确定相应的回归系数，就可以确定该区块启动压力梯度与地层平均渗透率的数学表达式，从而研究启动压力梯度对低渗透油田开发指标的影响。此式说明：当岩心渗透率增大到一定值后，随着渗透率的增大，启动压力梯度逐渐减小，而且变化平稳；当岩心渗透率降低到一定值后，随着渗透率降低，启动压力梯度急剧上升。可见对于低渗透油田，地层平均渗透率对启动压力梯度的大小影响非常显著。

3.2.2 两相渗流的启动压力梯度数学模型

低渗透储层由于存在启动压力梯度，渗流特征偏移达西定律。对实验数据进行回归分析，得到油相启动压力梯度与岩心渗透率关系式为：

$$G_{o} = \lambda_{o} K^{n_{do}}$$

水相启动压力梯度与岩心渗透率关系式为：

$$G_{w} = \lambda_{w} K^{n_{dw}} \tag{3-2}$$

式中　　　G_{o}，G_{w}——油相和水相启动压力梯度，MPa/m；

λ_{o}、λ_{w}、n_{do}、n_{dw}——回归参数。

水相的启动压力梯度比油相的小很多，水相的运动方程中一般忽略启动压力梯度。

3.3　低渗储层物理特征参数-地质分布构型和区域分布特征

3.3.1　低渗储层物理特征参数-地质分布构型

低渗储层中储层参数分布的确定，以井点值为基础的参考值，引入沉积相模拟的数值结果后，通过选择数学的插值方法进行插值加密计算，进而得到储层参数的区域分布。现阶段常用的储层地质建模方法分为确定性建模和随机建模方法。

确定性建模：利用井点的确定性储层参数数据，辅助传统地质方法（内插克里金插值等数学地质方法），针对注采井间的储层参数未知区域，给出插值分布可能性的预测结果。

随机建模：利用已知井点的储层参数信息为参考值，引入随机函数为理论基础，结合随机模拟的数值方法，建立带有概率性的储层建模方法。

局限性：由于地质条件复杂和生产动态资料的限制，会导致井间储层参数预测存在多种不确定性，制约确保油田稳产开发决策的正确性。

总之，目前还没有通过生产资料的渗流计算进行精细和解析处理的理论，也没有井间储层参数区域的渗流数学模型。

为此，针对井间的油藏参数区域非线性分布建立渗流数学模型。例如：选取某油田某区块某层的渗透率分布及部分井位坐标图，如图 3-1 所示。其中，虚线区域是井间渗透率区域分布。由图可知，其区域分布特点可用线性函数，二次多项式函数，对数函数和指数函数形式构建渗流数学模型。

图 3-1　某油田某区块某层的渗透率分布及部分井位坐标图

3.3.2　低渗储层物理特征参数-区域分布特征

非均质储层平面上的渗透率构型分布一般基于沉积模式，结合井点插值及多元统计等数值方法，对储层参数进行离散网格插值，形成储层参数的区域分布数据，如图 3-2 所示。

针对实际储层渗透率分布的复杂性，考虑储层渗透率的非均质特性，简化并假定注采井间的渗透率分布构型如下：线性递增、指数函数和对数函数等三种基本表征变化，其分布构型如图 3-3 和图 3-4 所示。其数学模型形式如下：

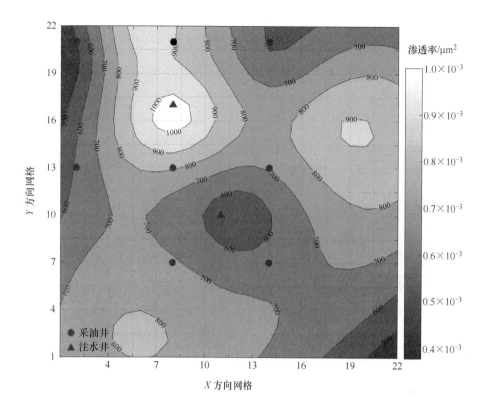

图 3-2 某区块某层的渗透率平面插值离散分布图

（1）K 为单调递增型：

$$K(r) = a + b(r), a > 0, b > 0$$

（2）K 为对数函数（上凸）型：

$$K(r) = a + b\ln r, a > 0, b > 0$$

（3）K 为指数函数（下凸）型：

$$K(r) = ae^{br}, a > 0, b > 0$$

式中 r——地层任意点到井筒的距离，m；

a，b——构型参数。

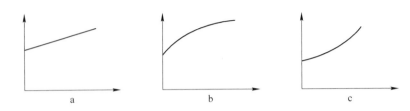

图 3-3 渗透率分布不同的构型示意图

a—线性递增；b—上凸递增；c—下凹递增

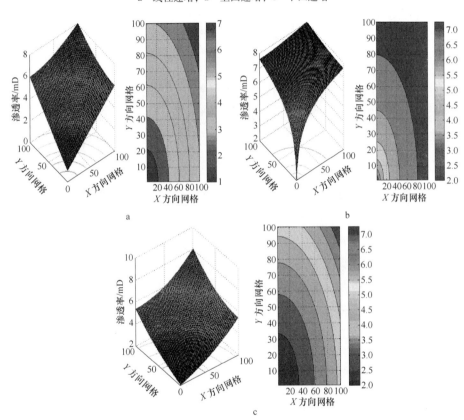

图 3-4 渗透率分布不同的构型示意图

a—线性递增；b—上凸递增；c—下凸递增

3.4 低渗储层物理特征参数区域分布多尺度划分标准

3.4.1 小尺度——注采单元划分储层参数区域分布

以注采单元内部注采井间的低渗透储层渗透率区域分布为研究对象，研究渗透率区域分布与注采关系的内在联系。如图 3-3 和图 3-4 所示，基于渗透率区域分布的非线性构型，分别计算不同构型的相关系数，进而推导出低渗透非均质储层的产能公式和储层参数区域分布反演。

3.4.2 中尺度——井网单元划分储层参数区域分布

中尺度以井网内部注采单元的储层参数区域分布渗流特征为研究对象，阐述非均质储层在不同井网条件下，储层参数区域分布与生产动态数据的内在联系。如图 3-5 所示，以典型的反五点井网为例，可见每个井网由数个注采单元构成，如果可计算不同的注采单元即可推广到井网条件下，实现井网条件下的储层参数区域分布反演。

3.4.3 大尺度——全油藏（井组或区块）储层参数区域分布

大尺度以全油藏区块内部井组单元的储层参数区域分布渗流特征为研究对象，研究井组（区块）的储层参数区域分布与注采关系的内在联系，阐述非均质储层的不同构型与生产动态数据间的理论基础。如图 3-6 所示，以反五点井组为例，可见全油藏（井组或区块）由数个注采井网构成，如果可计算不同的注采井网即可推广到井组——区块——全油藏，实现全油藏条件下的储层参数区域分布反演。

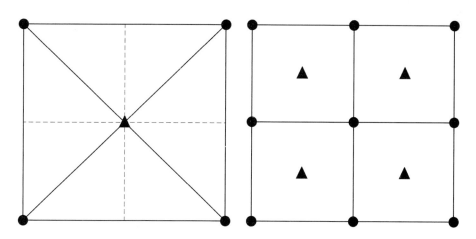

图 3-5 中尺度井网平面示意图
（以反五点井网为例）

图 3-6 大尺度全油藏（区块）井组
平面示意图（以反五点井组为例）

3.5 油藏数值模拟的常用计算方法

常用的油藏数值模拟技术，以有限差分方法为主，包括：基本的数学模型，偏微分方程的离散化方法以及线性代数方程组的求解方法。

常用的油藏数值模拟技术是以网格剖分为基础，井点做特殊处理进行压力和饱和度的差分迭代，不可避免地会遇到收敛性的问题，而且实际油藏区块的井网类型以混合的为主，这就需要先划分井网控制单元，然后根据井网内部注采关系得到相渗分区流动单元，进而逐块逐排的计算，实现全油藏的参数区域分布渗流特征的反演算法。

3.6　小结

（1）基于低渗非均质储层的特性，渗流特征不符合传统的达西定律，考虑启动压力梯度对产能具有显著影响，利用单相和两相渗流时的启动压力梯度数学模型，构建非均质油藏渗透率分布的非线性构型的数学模型。

（2）考虑低渗储层的地质分布和渗透率区域分布特征，将渗透率构型简化为 3 种典型的非均质构型模式，即：线性递增型、对数函数（上凸）型和指数函数（下凸）型，并对储层的参数区域进行多尺度的划分，以实现不同井网条件下的储层参数区域分布反演。

4 考虑非均质渗透率构型的低渗单相渗流数学模型研究

4.1 前言

　　储层非均质性作为储层表征的核心内容，其研究水平直接影响剩余油分布模式。针对低、特低渗透储层，启动压力梯度对产能的影响显著。若依旧简单地把启动压力梯度里面的渗透率作为均值研究，则未能合理准确地反映非均质低渗透储层渗流的本质特征。

　　因此，本章针对单相流动的低渗储层，将渗透率非均质分布的 3 种典型构型引入到启动压力梯度计算公式中，推导出产能公式，结合压力梯度、产量及启动压力梯度特征参数的关系，建立反演渗透率构型参数的优化算法，最终形成一整套完整的低渗储层的计算产能和优化反演非均质构型参数的理论计算方法。该研究结果有利于注采井间的油藏精细描述和"甜点"位置确定，为低渗透油藏挖潜提供支持。

4.2 低渗储层的单相渗流产能计算模型

　　针对平面径向流的情况，物理模型和假设条件如下：地层为水平圆盘状，均质等厚，渗透率为 K，厚度为 h，圆形边界是供给边界，其压力为 p_e，半径为供给半径 r_e，圆的中心打一口水力完善井，井的半径为 r_w，井底压力为 p_{wf}，同时假设液体为牛顿液体，黏度为 μ，与井轴垂直的每一个平面内的运动情况相同。在平面径向流的情况，流线是流向生产井或由注水井发散出来的直线族，如图 4-1 所示。压力分布曲线，如图 4-2 所示。

　　在极坐标系下，根据达西定律：

$$Q = K \frac{2\pi rh}{\mu} \times \frac{\mathrm{d}p}{\mathrm{d}r} \tag{4-1}$$

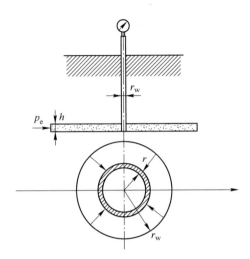

图 4-1　平面径向渗流模型

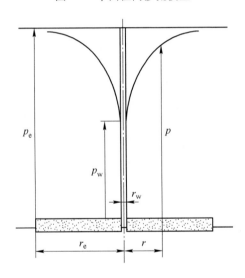

图 4-2　平面径向流压力分布曲线

单相流动时，考虑低渗透储层含有启动压力梯度的产能公式：

$$Q = K \frac{2\pi rh}{\mu} \times \left(\frac{\mathrm{d}p}{\mathrm{d}r} - G(K,r) \right) \tag{4-2}$$

当渗透率 K 不为均值时（非均质），由 $K = K(r)$，代入启动压力梯度 G，得到低渗透非均质油藏的产能公式为：

$$Q = K(r) \frac{2\pi rh}{\mu} \times \left(\frac{\mathrm{d}p}{\mathrm{d}r} - G(K(r),r) \right) \tag{4-3}$$

即：

$$Q = \frac{2\pi h}{\mu} \times \frac{\mathrm{d}p - G(K(r),r)\mathrm{d}r}{\left(\frac{1}{K(r)r}\right)\mathrm{d}r} \tag{4-4}$$

将压力 p 和井距 r 的积分上下限代入式（4-4），得：

$$Q = \frac{2\pi h}{\mu} \times \left(p\Big|_{p_w}^{p_e} - \int_{r_w}^{r_e} G(K(r),r)\,\mathrm{d}r \right) \Big/ \int_{r_w}^{r_e} \left(\frac{1}{K(r)r}\right)\mathrm{d}r \tag{4-5}$$

式中　Q——产量，m^3；

h——厚度，m；

p——压力，MPa；

μ——黏度，$\mathrm{mPa\cdot s}$；

p_e——供给压力，MPa；

p_w——井底压力，MPa；

r_e——泄压半径，m；

r_w——井筒半径，m。

4.3　低渗储层基于渗透率构型的单相渗流产能计算模型

假设条件：

（1）储层平面上注入井和采油井间的渗透率变化为非均质变化；

（2）流体流动服从含启动压力梯度的非达西流动。

针对渗透率的 3 种非均质构型，即渗透率呈线性递增变化、渗透率呈指数函数变化和渗透率呈对数变化时，分别代入式（4-5），得到不同情况下的产能公式及压力梯度公式，具体过程如下：

（1）线性递增型。将渗透率构型（1）代入式（3-1）和式（4-5），得：

$$Q = \frac{2\pi h}{\mu} \times \left(p\Big|_{p_w}^{p_e} - \frac{\lambda(a+br)^{1+n_d}}{b(1+n_d)}\Big|_{r_w}^{r_e} \right) \Big/ \frac{\ln\frac{r}{a+br}}{a}\Big|_{r_w}^{r_e} \tag{4-6}$$

压力梯度公式：

$$\nabla p = p\Big|_{p_w}^{p_e} = \frac{Q\mu}{2\pi h} \times \frac{\ln\frac{r}{a+br}}{a}\Big|_{r_w}^{r_e} + \frac{\lambda(a+br)^{1+n_d}}{b(1+n_d)}\Big|_{r_w}^{r_e} \tag{4-7}$$

（2）对数函数（上凸）型。将渗透率构型（2）代入式（3-1）和式（4-5），得：

$$Q = \frac{2\pi h}{\mu} \times \left(p \Big|_{p_w}^{p_e} - \lambda e^{-\frac{a}{b}} \left((-b)^{n_d} \cdot \Gamma\left(1 + n_d, -\frac{a+br}{b}\right) \Big|_{r_w}^{r_e} \right) \right) \Big/$$

$$\ln(a + b\ln r) \Big|_{r_w}^{r_e} \tag{4-8}$$

压力梯度公式：

$$\nabla p = p \Big|_{p_w}^{p_e} = \frac{Q\mu}{2\pi h} \times \frac{\ln(a + b\ln r)\Big|_{r_w}^{r_e}}{a} + \lambda e^{-\frac{a}{b}}$$

$$\left((-b)^{n_d} \cdot \Gamma\left(1 + n_d, -\frac{a+br}{b}\right) \Big|_{r_w}^{r_e} \right) \tag{4-9}$$

式中　Γ——伽玛函数（Gamma 函数）。

（3）指数函数（下凸）型。将渗透率构型（3）代入式（3-1）和式（4-5），得：

$$Q = \frac{2\pi h}{\mu} \times \left(p \Big|_{p_w}^{p_e} - \lambda \cdot \left(\frac{(ae^{br})^{n_d}}{bn_d} \Big|_{r_w}^{r_e} \right) \right) \Big/ \frac{(-\text{Ei}(1, br))}{a} \Big|_{r_w}^{r_e} \tag{4-10}$$

压力梯度公式：

$$\nabla p = p \Big|_{p_w}^{p_e} = \frac{Q\mu}{2\pi h} \times \left(-\frac{\text{Ei}(1, br)}{a} \right) \Big|_{r_w}^{r_e} + \lambda \cdot \left(\frac{(ae^{br})^{n_d}}{bn_d} \Big|_{r_w}^{r_e} \right) \tag{4-11}$$

式中　Ei——指数积分函数（Exponential Integral 函数）。

综上，式（4-6）、式（4-8）和式（4-10）即为基于渗透率构型的低渗非均质储层的产能计算公式。

将它们与达西渗流产能公式和考虑启动压力梯度为常数时的产能公式进行对比。当参数 $\lambda = 0$，$b = 0$ 时，$a = K$，即退化为达西渗流均质储层产能公式；当参数 $b = 0$ 时，$a = K$，即退化为低渗透均质储层产能公式，见表4-1。

表4-1　不同条件下产能公式对比

类型	渗透率构型	启动压力梯度	产能公式
均质	K	$G = 0$	$Q = K\frac{2\pi rh}{\mu} \times \frac{\mathrm{d}p}{\mathrm{d}r}$
非均质	线性　$K = a + br$	$G = 0$	$Q = K\frac{2\pi rh}{\mu} \times \frac{\mathrm{d}p}{\mathrm{d}r} = (a + br)\frac{2\pi rh}{\mu} \times \frac{\mathrm{d}p}{\mathrm{d}r}$
非均质	指数　$K = ae^{br}$	$G = 0$	$Q = K\frac{2\pi rh}{\mu} \times \frac{\mathrm{d}p}{\mathrm{d}r} = ae^{br}\frac{2\pi rh}{\mu} \times \frac{\mathrm{d}p}{\mathrm{d}r}$
非均质	对数　$K = a + b\ln r$	$G = 0$	$Q = K\frac{2\pi rh}{\mu} \times \frac{\mathrm{d}p}{\mathrm{d}r} = (a + b\ln r)\frac{2\pi rh}{\mu} \times \frac{\mathrm{d}p}{\mathrm{d}r}$

续表

类型	渗透率构型	启动压力梯度	产能公式
低渗均质	K	$G = \lambda K^{n_d}$	$Q = K\dfrac{2\pi rh}{\mu} \times \left(\dfrac{dp}{dr} - G\right)$
低渗非均质	线性 $K = a + br$	$G = \lambda (a + br)^{n_d}$	$Q = K\dfrac{2\pi rh}{\mu} \times \left(\dfrac{dp}{dr} - G\right)$ $= (a + br)\dfrac{2\pi rh}{\mu} \times \left(\dfrac{dp}{dr} - \lambda (a + br)^{n_d}\right)$
	对数 $K = a + b\ln r$	$G = \lambda (a + b\ln r)^{n_d}$	$Q = K\dfrac{2\pi rh}{\mu} \times \left(\dfrac{dp}{dr} - G\right) = (a + b\ln r)\dfrac{2\pi rh}{\mu} \times$ $\left(\dfrac{dp}{dr} - \lambda (a + b\ln r)^{n_d}\right)$
	指数 $K = ae^{br}$	$G = \lambda (ae^{br})^{n_d}$	$Q = K\dfrac{2\pi rh}{\mu} \times \left(\dfrac{dp}{dr} - G\right)$ $= ae^{br}\dfrac{2\pi rh}{\mu} \times \left(\dfrac{dp}{dr} - \lambda (ae^{br})^{n_d}\right)$

注: 1. 当参数 $b = 0$ 时, $a = K$, 低渗储层产能公式即退化成低渗均质储层产能公式。

2. 当参数 $\lambda = 0$, $b = 0$ 时, $a = K$, 低渗储层产能公式即退化为达西渗流均质储层产能公式。

4.4 低渗储层基于渗透率构型的单相渗流反演参数优化算法

目前, 储层注采井间参数区域分布研究以确定性建模和随机建模为主, 地质条件的复杂和生产动态资料的限制导致井间储层参数区域分布预测存在不确定性。因此, 利用生产动态资料的产量和压力梯度, 结合井间非均质参数分布进行反演构型参数, 可以作为一种精细描述井间储层的非均质参数分布的方法。

结合产能公式和压力梯度公式, 以渗透率的非均质构型参数的最优值作为目标函数, 构建基于低渗透储层启动压力梯度和渗透率非均质构型的参数反演算法。

目标函数为:

$$\|Q - Q^*\| = \min_{(a,b)}\left\{\|2\pi hr\| \; \|(K(a,b)\nabla p - K^*(a,b)\nabla p^*) - \right.$$
$$\left. \lambda(K(a,b)^{n_d} - K^*(a,b)^{n_d})\|\right\} \leqslant \delta \tag{4-12}$$

式中　　$K(a,b)$ ——预估渗透率的非均质构型函数;

$\quad\quad K^*(a,b)$ ——目标渗透率构型函数;

$\quad\quad \nabla p^*$ ——实际压力梯度;

$\quad\quad Q^*$ ——实际流量。

初始条件为预估渗透率构型函数 $K(a,b)$ 的参数 a、b 的变化范围。

优化算法步骤：

（1）已知生产压差 ∇p^*，实际流量 Q^*，试验获得的启动压力梯度特征参数 λ、n_{d}（作为确定量）以及假定渗透率非均质的分布函数为 $K^*(a, b)$。

（2）给出预估渗透率分布函数 $K(a, b)$ 构型参数 a、b 的搜索范围，代入生产动态资料的压力梯度 ∇p、流量 Q。

（3）如果预估渗透率分布 $K(a, b)$ 满足实际的压力梯度 ∇p^*，则满足目标函数。

（4）如果预估渗透率分布 $K(a, b)$ 满足关系，预估值即可作为真实值；反之，进行下一步迭代。

（5）直至得到最终校正值 $K(a, b)$ 满足真实值 $K^*(a, b)$ 要求的精度。

另外，确定预估渗透率分布函数 $K(a, b)$ 构型参数 a、b 的搜索范围后，本书采用给定步长的迭代搜索方法，还可以利用人工智能类优化搜索方法，提高搜索效率和精确度。

4.5   低渗三维单相渗流反演数学模型

4.5.1   多层流量计算方法

以油井为中心，将分层的各注水井在该油井方向的注水量累加，即可得到油井的分层产液量。

设第 i 小层某个油井的周围有 m 口水井，则该油井的分层产液量为：

$$Q_{\mathrm{oi}} = \sum_{j=1}^{m} Q_j \tag{4-13}$$

式中 Q_{oi}——第 i 小层某个油井的分层产液量，m^3；

Q_j——第 i 小层某个油井的第 j 口水井的注水量，m^3。

如果考虑分层的注水量劈分系数，可以根据相关的参考文献中的方法，此处不作深入研究。

4.5.2   三维单相渗流反演算法

结合产能公式和压力梯度公式，以渗透率的非均质构型参数的最优值作为目标函数，构建基于低渗透储层启动压力梯度和渗透率非均质构型的参数反演算法。

目标函数为：

$$\| Q_{oi} - Q_{oi}^* \| = \min_{(a,b)} \{ \| 2\pi hr \| \| (K_i(a,b) \nabla p_i - K_i^*(a,b) \nabla p_i^*) -$$

$$\lambda(K_i(a,b)^{n_d} - K_i^*(a,b)^{n_d}) \| \} \leqslant \delta \qquad (4-14)$$

式中 $K_i(a,b)$——第 i 层预估渗透率的非均质构型函数；

$K_i^*(a,b)$——第 i 层目标渗透率构型函数；

∇p_i^*——第 i 层实际压力梯度；

Q_{oi}^*——第 i 层实际流量；

∇p_i——第 i 层计算压力梯度；

Q_{oi}——第 i 层计算采液量。

初始条件为预估渗透率构型函数 $K_i(a,b)$ 的参数 a、b 的变化范围。

优化算法步骤如下：

（1）已知生产压差 ∇p_i^*，实际流量 Q_{oi}^*，试验获得的启动压力梯度特征参数 λ、n_d（作为确定量）以及假定渗透率非均质的分布函数为 $K_i^*(a,b)$。

（2）给出预估渗透率分布函数 $K_i(a,b)$ 构型参数 a、b 的搜索范围，代入生产动态资料的压力梯度 ∇p_i，流量 Q_{oi}。

（3）如果预估渗透率分布 $K_i(a,b)$ 满足实际的压力梯度 ∇p_i^*，则满足目标函数。

（4）如果预估渗透率分布 $K_i(a,b)$ 满足关系，预估值即可作为真实值；反之，进行下一步迭代。

（5）直至得到最终校正值 $K_i(a,b)$ 满足真实值 $K_i^*(a,b)$ 要求的精度，停止迭代，输出结果。

另外，确定预估渗透率分布函数 $K_i(a,b)$ 构型参数 a、b 的搜索范围后，本书采用给定步长的迭代搜索方法，还可以利用人工智能类优化搜索方法，提高搜索效率和精度。

4.6 实例分析

4.6.1 非均质构型对产能的影响

某特低渗透储层基本参数为：孔隙度为 0.12，黏度为 5.8mPa·s，厚度为 2.0m，井底渗透率 K_a 为 $1 \times 10^{-3} \, \mu m^2$，边界渗透率 K_b 为 $8 \times 10^{-3} \, \mu m^2$，泄压半径为 1000m，井筒半径为 0.1m，井底流压 p_w 为 7MPa，边界压力 p_e 为 17MPa，启动压力梯度特征参数 λ 为 0.01，n_d 为 -1.5。

根据该特低渗透储层基础参数绘制不同渗透率构型时井距与产量关系曲线（如图 4-3 所示）。由图 4-3 可知，不同非均质渗透率构型和启动压力梯度对产量具有显著影响。其中，含有启动压力梯度的产量比不含有启动压力梯度的明显偏低；当考虑非均质渗透率构型和启动压力梯度时，非均质渗透率构型为（2），即对数函数上凸时，渗透率较高，启动压力梯度较低，产量较高；渗透率构型为（3），即指数函数下凸时，渗透率较低，启动压力梯度偏高，产量较低。

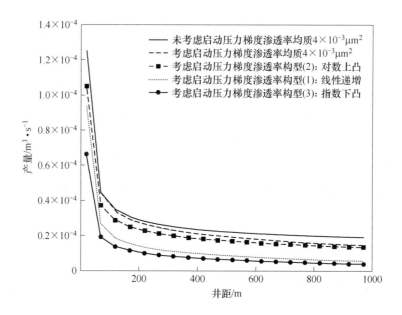

图 4-3 某特低渗透储层不同渗透率构型时井距与产量的关系

4.6.2 基于生产动态资料反演渗透率构型参数

储层基本参数与 4.6.1 节相同。假定满足渗透率构型模型（3），即指数函数（下凸）型：$K(r) = ae^{br}$，$a > 0$，$b > 0$，进而预估构型参数 a 搜索范围是 $[0,3]$，b 搜索范围是 $[0,1]$，步长为 0.0001。部分生产数据见表 4-2。

表 4-2 某特低渗透储层部分生产数据

生产压差/MPa	产量/m³·s⁻¹	生产压差/MPa	产量/m³·s⁻¹
5.8923	0.0569×10^{-5}	6.4799	0.0726×10^{-5}
6.0834	0.0620×10^{-5}	6.5902	0.0756×10^{-5}
6.1901	0.0649×10^{-5}	6.6885	0.0782×10^{-5}
6.2721	0.0671×10^{-5}	6.7812	0.0807×10^{-5}
6.3845	0.0701×10^{-5}		

利用文中建立的数学模型对渗透率构型参数进行优化反演,见表4-3。渗透率构型为非均质渗透率构型(3)时,输出参数的迭代数值最稳定,其余的明显发散。数值计算结果为:$a = 2.0000$,$b = 0.4342$,可确定该特低渗透储层为非均质渗透率构型(3),即指数下凸型。

表 4-3 渗透率非均质构型参数反演数值结果

迭代次数	渗透率非均质构型及分布函数		
	(1) 型:$K(r) = a + br$	(2) 型:$K(r) = a + b\ln r$	(3) 型:$K(r) = ae^{br}$
10	$a = 0.9204$ $b = 0.0072$	$a = 2.1964$ $b = 0.4352$	$a = 1.9998$ $b = 0.4349$
50	$a = 0.7840$ $b = 0.0083$	$a = 2.4853$ $b = 0.4650$	$a = 1.9999$ $b = 0.4344$
100	$a = 0.9329$ $b = 0.0066$	$a = 2.1418$ $b = 0.4147$	$a = 2.0000$ $b = 0.4342$

4.7 小结

(1)根据低渗透油藏启动压力梯度特点,结合油藏非均质渗透率构型,将 3 种渗透率构型代入启动压力梯度公式,推导考虑启动压力梯度和渗透率非均质构型下的产能公式,分析产量和井距的关系,利用实际生产动态数据,构建相应的反演算法。

(2)低渗透非均质油藏中启动压力梯度和非均质渗透率构型对产能曲

线影响显著。受两者同时影响时：渗透率构型为对数函数上凸时，渗透率较高，启动压力梯度较低，产量较高；渗透率构型为指数函数下凸时，渗透率较低，启动压力梯度偏高，产量较低。

（3）利用生产动态资料的产量和压力梯度关系，结合低渗透非均质油藏渗透率构型参数反演算法，作为确定注采井间渗透率区域分布非均质构型特征方法，为低渗透油藏精细描述和挖潜提供支持。

5 考虑非均质渗透率构型的低渗两相渗流数学模型研究

5.1 前言

在实际油田中，注水开发油田油水的分布及运动特点主要受到岩石孔隙结构和润湿性、油层平面和纵向的非均质性、油水黏度差和密度差以及注采强度等综合影响，使得油水性质存在明显的差别。对于注水开发的油田，为了确保长期高产，稳定和提高油田的最终采收率，必须认真考虑油水性质的差别对渗流的影响。因此，研究油水两相渗流的问题一直是渗流力学的一个重要问题。

本章针对低渗储层两相渗流时，利用渗透率构型的 3 种典型分布模式，考虑低渗透储层启动压力梯度函数的影响，结合两相渗流的相渗曲线关系和启动压梯度方程，推导出两相渗流时产能计算公式及优化反演构型参数方法，并通过数值算例验证。

5.2 低渗储层的两相渗流产能计算模型

针对平面径向流的情况，两相区内任一截面的总液量等于：

$$Q = Q_o + Q_w = K \cdot 2\pi rh\left(\frac{K_{rw}}{\mu_w} + \frac{K_{ro}}{\mu_o}\right) \times \frac{\mathrm{d}p}{\mathrm{d}r} \tag{5-1}$$

式中　Q_o——产油量，m^3；

　　　Q_w——产水量，m^3；

　　　K_{rw}——水相相对渗透率；

　　　K_{ro}——油相相对渗透率；

　　　μ_w——水黏度，$mPa \cdot s$；

　　　μ_o——油黏度，$mPa \cdot s$。

根据两相区各点的压力分布关系，得到下列方程：

$$dp = \cfrac{Q}{2\pi h \dfrac{K_{rw}(\bar{S}_w)}{\mu_w} + \dfrac{K_{ro}(\bar{S}_w)}{\mu_o}} \times \frac{dr}{rK(r)} \tag{5-2}$$

式中　$\bar{S}_w$——平均含水饱和度。

根据平面径向流等饱和度平面移动的微分方程：

$$\frac{dr}{dt} = \frac{Q(t)}{2\pi rh\phi} f'_w$$

式中　f_w——含水率。

分离变量，得到：

$$rdr = \frac{Q(t)}{2\pi h\phi} f'_w dt$$

积分得到：

$$\int_{r_0}^{r} rdr = \frac{f'_w}{2\pi h\phi} \int_0^t Q(t)\,dt$$

$$r^2 - r_0^2 = \frac{f'_w}{\pi h\phi} W(t)$$

两边对 S_w 求导得：

$$2rdr = \frac{f''_w}{\pi h\phi} W(t)\,dS_w$$

代入式（5-2）得到：

$$dp = \frac{Q}{2\pi rh \cdot K} \cdot \frac{1}{(K_{rw}/\mu_w + K_{ro}/\mu_o)} \cdot \frac{f''_w}{2r\pi h\phi} W(t)\,dS_w$$

积分得到：

$$\int_{p_0}^{p_f} dp = \int_{S_{w0}}^{S_{wf}} \frac{Q}{AK} \cdot \frac{W(t)}{A\phi} \cdot \frac{f''_w}{(K_{rw}/\mu_w + K_{ro}/\mu_o)}\,dS_w$$

即

$$\Delta p = p_f - p_0 = \frac{Q}{AK} \cdot \frac{W(t)}{A\phi} \cdot \int_{S_{w0}}^{S_{wf}} \frac{f''_w}{(K_{rw}/\mu_w + K_{ro}/\mu_o)}\,dS_w$$

对于两相流，关键是当渗透率 $K(r)$ 变化时，相对渗透率 K_{rw}，K_{ro} 也同时变化，所以他们之间的函数关系是：

$$K(r) \rightarrow \begin{cases} K_{ro}(S_w) \\ K_{rw}(S_w) \end{cases} \rightarrow f''_w(S_w) \xleftrightarrow{Q} p \tag{5-3}$$

5.3　相渗曲线特征参数优化反演方法

在油田开发实际中，相对渗透率广泛应用于两相渗流的油藏工程计算公式，其重要性不言而喻。常用的确定相渗曲线的方法分为静态方法和动态方法：静态方法指利用实验测定的手段得到典型岩心的相渗曲线，但由于实验条件所限、岩心的非均质性及实验装置的系统误差等，使得测得的相渗曲线有一定的误差；动态方法是指结合实际的生产动态资料，利用典型的给定的相渗曲线计算公式反求确定待定参数的方法，这在一定程度上反映油藏非均质特性，而且可以代表一定区域的流体渗流特征，具有深入的研究和实用价值。

典型的油水，气液相对渗透率曲线如图 5-1 所示。

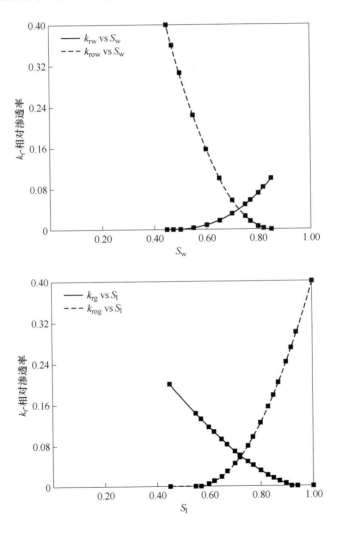

图 5-1　典型的相对渗透率曲线

（1）Stone 相渗计算公式。根据两相渗透率曲线，可以通过 Stone 公式计算三相相对渗透率，计算如下：

$$K_{rw} = K_{rwro}\left[\frac{S_w - S_{wc}}{1 - S_{orw} - S_{wc}}\right]^{n_w}$$

$$K_{row} = K_{rocw}\left[\frac{1 - S_{orw} - S_w}{1 - S_{orw} - S_{wc}}\right]^{n_{ow}}$$

$$K_{rog} = K_{rocw}\left[\frac{1 - S_{wc} - S_{org} - S_g}{1 - S_{wc} - S_{org}}\right]^{n_{og}} \qquad K_{rg} = K_{rgro}\left[\frac{S_g - S_{gr}}{1 - S_{wc} - S_{org} - S_{gc}}\right]^{n_g}$$

由 Stone 的第二种方法得到油，气，水三相时油相的相对渗透率：

$$K_{ro} = K_{rocw}\left[\left(\frac{K_{row}}{K_{rocw}} + K_{rw}\right)\left(\frac{K_{rog}}{K_{rocg}} + K_{rg}\right) - K_{rw} - K_{rg}\right]$$

式中，n_w、n_{og} 和 n_g 是相关系数。

（2）多项式相渗计算公式。如果根据实验测定的数据，利用 Stone 计算公式得到相渗曲线关系，除了精度不高的情况，还容易出现以下的奇异情况：1）产生超出相渗取值范围的情况；2）对相渗计算公式进行非线性拟合参数的时候，容易产生误差扩散。

在实际油田计算中，考虑采用容易控制的相渗曲线形式来进行动态方法的预测，通常为了减小误差，大多采用多项式的形式。多项式相渗计算公式可以避免 Stone 相渗计算公式的精度不高的缺点，但是实际问题中容易造成拐点和奇异值的出现。对此采取的方法：超出范围的取值采取舍掉或取前值；局部奇异值时分段多项式拟合。这样，既可避免出现误差和精度问题，还更加有利于实际应用。

对于多项式相渗计算公式，这里的水相选择 3 次多项式，油相选择 5 次多项式，实际应用中可以考虑降阶，使之满足大部分工程应用的精度。

即：

$$K_{rw} = a_w S_w^3 + b_w S_w^2 + c_w S_w + d_w$$

$$K_{ro} = a_o S_w^5 + b_o S_w^4 + c_o S_w^3 + d_o S_w^2 + e_o S_w + f_o$$

式中　a_w、b_w、c_w、d_w、a_o、b_o、c_o、d_o、e_o、f_o——相关参数。

由于水相启动压力梯度比油相要小得多，故水相的运动方程中一般忽略启动压力梯度。因此，两相渗流的产能公式：

$$Q = Q_w + Q_o = 2\pi h K(r) \cdot r \cdot \left\{ \frac{K_{rw}}{\mu_w}\left(\frac{dp}{dr} - C_w\right) + \frac{K_{ro}}{\mu_o}\left(\frac{dp}{dr} - G_o\right) \right\}$$

化简为：

$$Q = Q_w + Q_o = 2\pi h K(r) \cdot r \cdot \left\{ \left(\frac{K_{rw}}{\mu_w} + \frac{K_{ro}}{\mu_o}\right)\frac{dp}{dr} - \frac{K_{ro}}{\mu_o}(\lambda_o K(r)^{n_{do}}) \right\}$$

$$(5-4)$$

（3）其他的相渗计算方法。其余的拟合相渗的方法，如：Spline 样条差值，非线性二次拟合（自定义函数类型）等，这里不一一列举。

5.3.1 函数型相渗曲线特征优化反演算法

考虑油水两相的时候，含水率计算公式见下式：

$$f_w = \frac{q_w}{q_w + q_o} = \frac{K_{rw}(\overline{S_w})/\mu_w}{K_{ro}(\overline{S_w})/\mu_o + K_{rw}(\overline{S_w})/\mu_w} \qquad (5-5)$$

由物质平衡方法，储层的平均含油饱和度关系式为：

$$\overline{S_o} = \frac{(N - N_p)(1 - S_{wi})}{N} = (1 - R)(1 - S_{wi}) \qquad (5-6)$$

储层的平均含水饱和度关系式为：

$$\overline{S_w} = 1 - \overline{S_o} = 1 - (1 - R)(1 - S_{wi}) = R(1 - S_{wi}) + S_{wi} \qquad (5-7)$$

这样，R 对应计算出 $\overline{S_w}$。再由相渗曲线的实验数据作为初始参数，计算出相应的 f_w。

采用多项式相渗计算公式：

$$K_{rw} = a_w \overline{S_w}^3 + b_w \overline{S_w}^2 + c_w \overline{S_w} + d_w$$

$$K_{ro} = a_o \overline{S_w}^5 + b_o \overline{S_w}^4 + c_o \overline{S_w}^3 + d_o \overline{S_w}^2 + e_o \overline{S_w} + f_o$$

这样的话，反演相对渗透率转化为求 a_w、b_w、c_w、d_w、a_o、b_o、c_o、d_o、e_o、f_o 的反演参数识别优化的问题。这里，不但用到实际生产数据，而且可以借鉴实验的有关可靠数据。

首先，把相对渗透率参数化，然后以实际的累积产水量作为拟合目标，建立目标优化函数

$$\min_{S_w}\left\{ \|f_w - f_w^*\| : K_{rw}(\overline{S_w}) < 1, K_{rw}(S_{wi}) = 1 \right\} < \delta$$

反演算法步骤如下：

（1）根据实验相渗曲线拟合出初始的 $a = [a_1, a_2, a_3]$，得到 K_{rw} 和 K_{ro}

的关系式，用生产资料 R 为采出程度确定初始函数饱和度 $\overline{S_w}$ 代入 K_{rw} 和 K_{ro} 的关系式，得到初始含水率 f_w。

（2）与实际的含水率 f_w^* 代入目标优化参数，如果满足精度，转至（4）步；如果不满足，转至下一步。

（3）调整参数，在局部范围内搜索可调参数，进行迭代计算，转至（2）步。

（4）输出校正后的相渗即为所求。

另外，对于函数型优化反演相渗曲线的方法还可以结合遗传算法和模拟退火算法进行参数优选设计及计算。

5.3.2　数值型相渗曲线特征神经网络反演计算方法

储层相渗曲线形态各异，非线性特征表现严重。应用实验方法测得的曲线，不同岩心所得数据差异性较大。虽然可以线性归一化，但是所得的结果，掩盖了相渗曲线关系的非线性本质，不能代表该储层的典型特征。反向传播神经网络模型（BP 模型），是指将神经元按序存放，前一层输出的信息转化为后一层的输入，它可以构成强有力的非线性学习系统，作为一种归一化方法，用于信息的预测。

BP 网络模型由输入层、隐层、输出层构成。基于这种思想，首先选择油水相对渗透率曲线相关上的 6 个特征量：含水饱和度 S_w，含水率 f_w，采出程度 R，产量 Q，油相相对渗透率 K_{ro} 和水相相对渗透率 K_{rw} 构建 BP 网络模型。常用的实验手段测得的相渗曲线是 K_{ro} 和 K_{rw} 关于 S_w 变化的曲线，同时也可以测得 f_w、R 和 Q 的数据。因此，可以选择 S_w、f_w、R 和 Q 作为输入参数，K_{ro} 和 K_{rw} 作为输出参数，如图 5-2 所示。

在处理储层相渗曲线的过程中，利用实验测得的 m 个煤层岩样样本的 n 个点含水饱和度 S_w，以及在不同的含水饱和度 S_w 下的含水率 f_w，采出程度 R，产量 Q，油相相对渗透率 K_{ro} 和水相相对渗透率 K_{rw}，进行学习训练，就可以得到在输入的含水饱和度 S_w、含水率 f_w，采出程度 R，产量 Q 与输出的油相相对渗透率 K_{ro} 和水相相对渗透率 K_{rw} 之间的非线性关系，样本数据列表见表 5-1。然后，代入实际井史的含水饱和度 S_w，含水率 f_w，采出程度 R 和产量 Q 的变化区间，就可以得到在这种网络训练模型下的期望输出的油相相对渗透率 K_{ro} 和水相相对渗透率 K_{rw} 的数值。

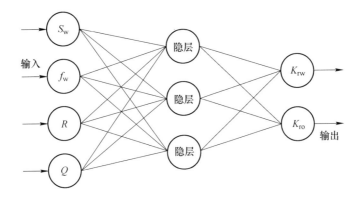

图 5-2 建立的 BP 网络模型

利用建立的神经网络反演计算相渗曲线的数学模型，所得到的相渗曲线（$S_w - K_{ro}/K_{rw}$）具有代表该区块的相渗曲线的典型特征，并且是通过含水饱和度 S_w，含水率 f_w，采出程度 R，产量 Q 训练出来的，精度较高。

表 5-1 岩石样本点的参数列表

No.	S_w	f_w	R	Q	K_{ro}	K_{rw}
	S_{w11}	f_{w11}	R_{11}	Q_{11}	K_{ro11}	K_{rw11}
	S_{w12}	f_{w12}	R_{12}	Q_{12}	K_{ro12}	K_{rw12}
	$\vdots$	$\vdots$	$\vdots$	$\vdots$	$\vdots$	$\vdots$
1	S_{w1i}	f_{w1i}	R_{1i}	Q_{1i}	K_{ro1i}	K_{rw1i}
	$\vdots$	$\vdots$	$\vdots$	$\vdots$	$\vdots$	$\vdots$
	S_{w1n}	f_{w1n}	R_{1n}	Q_{1n}	K_{ro1n}	K_{rw1n}
$\vdots$	$\vdots$	$\vdots$	$\vdots$	$\vdots$	$\vdots$	$\vdots$
	S_{wj1}	f_{wj1}	R_{j1}	Q_{j1}	K_{roj1}	K_{rwj1}
	S_{wj2}	f_{wj2}	R_{j2}	Q_{j2}	K_{roj2}	K_{rwj2}
	$\vdots$	$\vdots$	$\vdots$	$\vdots$	$\vdots$	$\vdots$
j	S_{wji}	f_{wji}	R_{ji}	Q_{ji}	K_{roji}	K_{rwji}
	$\vdots$	$\vdots$	$\vdots$	$\vdots$	$\vdots$	$\vdots$
	S_{wjn}	f_{wjn}	R_{jn}	Q_{jn}	K_{rojn}	K_{rwjn}
$\vdots$	$\vdots$	$\vdots$	$\vdots$	$\vdots$	$\vdots$	$\vdots$
	S_{wm1}	f_{wm1}	R_{21}	Q_{21}	K_{rom1}	K_{rwm1}
	S_{wm2}	f_{wm2}	R_{22}	Q_{22}	K_{rom2}	K_{rwm2}
	$\vdots$	$\vdots$	$\vdots$	$\vdots$	$\vdots$	$\vdots$
m	S_{wmi}	f_{wmi}	R_{2i}	Q_{2i}	K_{romi}	K_{rwmi}
	$\vdots$	$\vdots$	$\vdots$	$\vdots$	$\vdots$	$\vdots$
	S_{wmn}	f_{wmn}	R_{2n}	Q_{2n}	K_{romn}	K_{rwmn}

其中，No. 是样本序号；m 是样本总数；j 是某个样本，$1 \leqslant j \leqslant m$；$n$ 是样本采样点总数；i 是某个样本的采样点，$1 \leqslant i \leqslant n$；$S_w$ 是含水饱和度，S_{wji} 为第 j 个样本，第 i 个样本点的含水饱和度；f_w 是含水率，f_{wji} 为第 j 个样本，第 i 个样本点的含水率；R 是采出程度；R_{ji} 为第 j 个样本，第 i 个样本点的采出程度；Q 是产量，Q_{ji} 为第 j 个样本，第 i 个样本点的产量；K_{ro} 是油相相对渗透率，K_{roji} 为第 j 个样本，第 i 个样本点的油相相对渗透率；K_{rw} 是水相相对渗透率，K_{rwji} 为第 j 个样本，第 i 个样本点的水相相对渗透率。

5.3.3　实例分析

通过对比一些油田现场的相渗拟合数据，选取多项式函数型作为相渗曲线的数学模型，进行反演相关系数计算。其中，基础数据表见表 5-2。

表 5-2　基础数据表

残余油饱和度	束缚水饱和度	油黏度/mPa·s	水黏度/mPa·s	油密度/g·cm^{-3}
0.28	0.25	2.57	0.45	0.6

选取一部分生产数据，见表 5-3。

表 5-3　生产数据（选取一部分）

采出程度/%	实际含水率/%	计算含水率/%
8.483	2.01	1.17
9.691	3.35	3.94
11.482	11.75	9.98
12.196	14.06	15.76
13.344	28.73	28.01
14.585	40.49	41.87
15.493	55.72	54.28
16.281	60.24	63.87
17.188	74.51	73.99
18.581	85.48	85.57
19.147	88.85	89.00

反演得到的相渗曲线如图 5-3 所示。

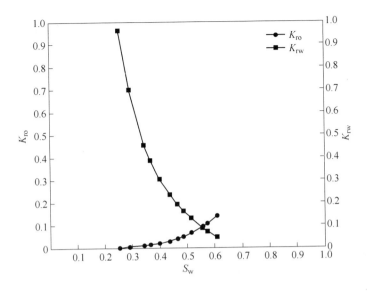

图 5-3 反演计算的相对渗透率曲线

含水率与采出程度拟合曲线如图 5-4 所示。

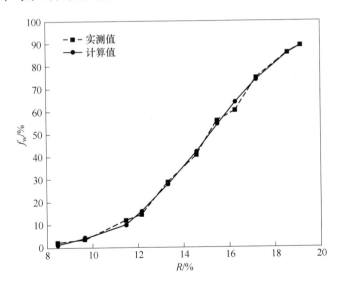

图 5-4 含水率与采出程度拟合曲线

得到函数关系式：

$$K_{rw} = 2.6403S_w^3 - 2.0928S_w^2 + 0.6420S_w - 0.0711$$

$$K_{ro} = -106.2410S_w^5 + 316.5911S_w^4 - 374.2280S_w^3 +$$

$$221.6797S_w^2 - 67.2753S_w + 8.6782$$

5.4 低渗储层基于渗透率构型的两相渗流产能计算模型

针对渗透率的 3 种非均质构型，即：线性递增变化、指数函数变化和对数函数变化时，以及岩心实验数据归一化的含水饱和度回归公式得到 $\dfrac{K_{rw}}{\mu_w} + \dfrac{K_{ro}}{\mu_o}$，分别代入式（3-2）和式（5-4），分别整理，即构成两相渗流的低渗储层产能公式，具体过程如下：

（1）线性递增型。将渗透率构型（1）代入式（5-4），得：

$$Q = 2\pi h \left(\frac{K_{rw}}{\mu_w} + \frac{K_{ro}}{\mu_o} \right) \left[p \Big|_{p_w}^{p_e} - \frac{K_{ro}}{\mu_o} \Big/ \left(\frac{K_{rw}}{\mu_w} + \frac{K_{ro}}{\mu_o} \right) \cdot \frac{\lambda \, (a + br)^{1+n_d}}{b(1 + n_d)} \Big|_{r_w}^{r_e} \right] \Big/ \ln \frac{r}{a + br} \Big/ a \Big|_{r_w}^{r_e}$$

（5-8）

（2）对数函数（上凸）型。将渗透率构型（2）代入式（5-4），得：

$$Q = 2\pi h \left(\frac{K_{rw}}{\mu_w} + \frac{K_{ro}}{\mu_o} \right) \left[p \Big|_{p_w}^{p_e} - \frac{K_{ro}}{\mu_o} \Big/ \left(\frac{K_{rw}}{\mu_w} + \frac{K_{ro}}{\mu_o} \right) \cdot \lambda e^{-\frac{a}{b}} \cdot \right.$$

$$\left. \left((-b)^{n_d} \cdot \Gamma \left(1 + n_d, -\frac{a + br}{b} \right) \Big|_{r_w}^{r_e} \right) \right] \Big/ \ln(a + b\ln r) \Big|_{r_w}^{r_e} \quad (5\text{-}9)$$

（3）指数函数（下凸）型。将渗透率构型（3）代入式（5-4），得：

$$Q = 2\pi h \left(\frac{K_{rw}}{\mu_w} + \frac{K_{ro}}{\mu_o} \right) \left[p \Big|_{p_w}^{p_e} - \frac{K_{ro}}{\mu_o} \Big/ \left(\frac{K_{rw}}{\mu_w} + \frac{K_{ro}}{\mu_o} \right) \cdot \lambda \cdot \left(\frac{(ae^{br})^{n_d}}{bn_d} \Big|_{r_w}^{r_e} \right) \right] \Big/$$

$$\frac{(-\text{Ei}(1, br))}{a} \Big|_{r_w}^{r_e}$$

（5-10）

5.5 低渗储层基于渗透率构型的两相渗流反演参数优化算法

利用生产动态资料中的产能 Q^* 和生产压差（压力梯度）∇p^*，结合通过实验数据得到的启动压力梯度参数 λ、n_d，相渗曲线关系 K_{rw} 和 K_{ro}（作为确定量），以渗透率非均质构型分布参数 a、b 为目标，建立目标优化函数：

$$\| Q - Q^* \| = \min_{(a,b)} \left\{ \| 2\pi hr \| \left\| \left(\frac{K_{rw}}{\mu_w} + \frac{K_{ro}}{\mu_o} \right) (K(a,b) \nabla p - K^*(a,b) \nabla p^*) - \right. \right.$$

$$\left. \left. \frac{K_{ro}}{\mu_o} \lambda (K(a,b)^{n_d} - K^*(a,b)^{n_d}) \right\| \right\} \leqslant \delta$$

基于参数优化反演的常用方法，建立利用生产动态资料的针对低渗储层渗透率构型的反演算法，步骤如下：

（1）已知生产压差 ∇p^*，实际流量 Q^*，试验获得的启动压力梯度特征参数 λ、n_d，相渗曲线关系 K_{rw} 和 K_{ro}（作为确定量）以及假定渗透率非均质的分布函数为 $K^*(a, b)$。

（2）给出预估渗透率分布函数 $K(a, b)$ 构型参数 a、b 的搜索范围，代入生产动态资料的压力梯度 ∇p，流量 Q。

（3）如果预估渗透率分布 $K(a, b)$ 满足实际压力梯度 ∇p^*，则满足目标函数。

（4）如果预估渗透率分布 $K(a, b)$ 满足关系，预估值即可作为真实值；反之，进行下一步迭代。

（5）直至得到最终校正值 $K(a, b)$ 满足真实值 $K^*(a, b)$ 要求的精度。

另外，确定预估渗透率分布函数 $K(a, b)$ 构型参数 a、b 的搜索范围后，本书采用给定步长的迭代搜索方法，还可以进一步研究利用神经网络，遗传算法等人工智能类优化搜索方法，提高搜索效率和精确度。

5.6 低渗储层的三维两相渗流反演数学模型

5.6.1 多层流量计算方法

与4.5.1节同理。设第 i 小层某个油井的周围有 m 口水井，则该油井的分层产液量为：

$$Q_{oi} = \sum_{j=1}^{m} Q_j \tag{5-11}$$

式中　Q_{oi}——第 i 小层某个油井的分层产液量，m^3；

　　　Q_j——第 i 小层某个油井的第 j 口水井的注水量，m^3。

如果考虑分层的注水量劈分系数，可以根据相关参考文献中的方法，此处不作深入研究。

5.6.2 多层计算相渗曲线

多层的情况下，当考虑油水两相的时候，第 i 个小层含水率计算公式如下：

$$f_{wi} = \frac{q_{wi}}{q_{wi} + q_{oi}} = \frac{K_{rwi}(\overline{S_{wi}})/\mu_w}{K_{roi}(\overline{S_{wi}})/\mu_o + K_{rwi}(\overline{S_{wi}})/\mu_w} \quad (5\text{-}12)$$

由物质平衡方法，油藏的平均含油饱和度关系式为：

$$\overline{S_{oi}} = \frac{(N_i - N_{pi})(1 - S_{wi})}{N} = (1 - R_i)(1 - S_{wi}) \quad (5\text{-}13)$$

油藏的平均含水饱和度关系式为：

$$\overline{S_{wi}} = 1 - \overline{S_{oi}} = 1 - (1 - R_i)(1 - S_{wi}) = R(1 - S_{wi}) + S_{wi} \quad (5\text{-}14)$$

这样，R_i 对应计算出第 i 个小层的平均含水饱和度 $\overline{S_{wi}}$。再由实验的相对渗透率曲线作为初始参数，计算出相应第 i 个小层的 f_{wi}。

采用多项式相渗计算公式，确定第 i 个小层的相渗曲线关系为：

$$K_{rwi} = a_{wi}\overline{S_{wi}}^3 + b_{wi}\overline{S_{wi}}^2 + c_{wi}\overline{S_{wi}} + d_{wi}$$

$$K_{roi} = a_{oi}\overline{S_{wi}}^5 + b_{oi}\overline{S_{wi}}^4 + c_{oi}\overline{S_{wi}}^3 + d_{oi}\overline{S_{wi}}^2 + e_{oi}\overline{S_{wi}} + f_{oi}$$

其中，a_{wi}、b_{wi}、c_{wi}、d_{wi}、a_{oi}、b_{oi}、c_{oi}、d_{oi}、e_{oi}、f_{oi} 是第 i 个小层的相关参数。

5.6.3 三维两相渗流反演算法

利用生产动态资料中的产能 Q_{oi}^* 和生产压差（压力梯度）∇p_i^*，结合通过实验数据得到的启动压力梯度参数 λ、n_d，相渗曲线关系 K_{rwi} 和 K_{roi} 为确定量，以及渗透率非均质构型分布参数 a、b 为目标，建立目标优化函数：

$$\| Q_{oi} - Q_{oi}^* \| = \min_{(a,b)}\left\{ \| 2\pi hr \| \left\|\left(\frac{K_{rwi}}{\mu_{wi}} + \frac{K_{roi}}{\mu_{oi}}\right)(K_i(a,b)\nabla p_i - \right.\right.$$

$$\left.\left. K_i^*(a,b)\nabla p_i^*) - \lambda\frac{K_{roi}}{\mu_{oi}}(K_i(a,b)^{n_d} - K_i^*(a,b)^{n_d}) \right\|\right\} \leqslant \delta$$

基于参数优化反演的常用方法，建立利用生产动态资料的针对低渗储层渗透率构型的反演算法，具体步骤如下：

（1）已知生产压差 ∇p_i^*，实际流量 Q_{oi}^*，试验获得的启动压力梯度特征参数 λ、n_d，相渗曲线关系 K_{rwi} 和 K_{roi}（作为确定量），以及假定渗透率非均质的分布函数为 $K_i^*(a,b)$。

（2）给出预估渗透率分布函数 $K_i(a,b)$ 构型参数 a、b 的搜索范围，代入生产动态资料的压力梯度 ∇p_i，流量 Q_{oi}。

（3）如果预估渗透率分布 $K_i(a,b)$ 满足实际的压力梯度 ∇p_i，则满足目标函数。

（4）如果预估渗透率分布 $K_i(a,b)$ 满足关系，预估值即可作为真实值；反之，进行下一步迭代。

（5）直至得到最终校正值 $K_i(a,b)$ 满足真实值 $K_i^*(a,b)$ 要求的精度，停止迭代，输出结果。

另外，确定预估渗透率分布函数 $K_i(a,b)$ 构型参数 a、b 的搜索范围后，本书采用给定步长的迭代搜索方法，还可以进一步研究利用神经网络、遗传算法等人工智能类优化搜索方法，提高搜索效率和精确度。

5.7 实例分析

5.7.1 非均质构型对产能的影响

某特低渗透储层基本参数：孔隙度为 0.12，黏度为 5.8mPa·s，厚度为 2.0m，井底渗透率 K_a 为 $1 \times 10^{-3}\mu m^2$，边界渗透率 K_b 为 $8 \times 10^{-3}\mu m^2$，泄压半径为 1000m，井筒半径为 0.1m，井底流压 p_w 为 7MPa，边界压力 p_e 为 17MPa，启动压力梯度特征参数 λ 为 0.01，n_d 为 -1.5。

相对渗透率曲线如图 5-5 所示。

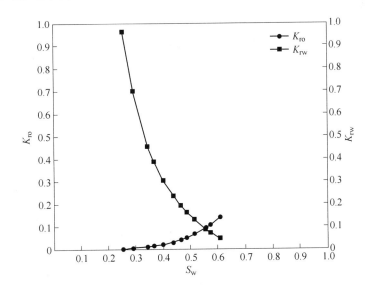

图 5-5　相对渗透率曲线

$$K_{rw} = 2.6403S_w^3 - 2.0928S_w^2 + 0.6420S_w - 0.0711$$

$$K_{ro} = -106.2410S_w^5 + 316.5911S_w^4 - 374.2280S_w^3 +$$

$$221.6797S_w^2 - 67.2753S_w + 8.6782$$

对比不同渗透率构型时产量与井距的关系曲线，如图 5-6 所示。由图 5-6 可知，低渗透储层启动压力梯度对产能公式的影响明显，考虑启动压力梯度时，产能比未考虑时低。渗透率非均质构型为对数函数上凸时，渗透率偏高，启动压力梯度偏低，产量偏高；渗透率非均质构型为指数函数下凸时，渗透率偏低，启动压力梯度偏高，所以产量偏低，产量随井距递减规律也反映相同的规律和影响。

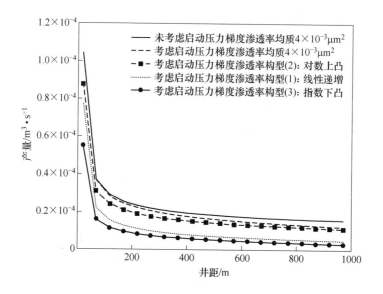

图 5-6　不同渗透率构型时产量与井距的关系曲线

5.7.2　基于生产动态资料反演渗透率构型参数

储层基本参数与 5.7.1 节相同，设井底渗透率 K_a 为 $1 \times 10^{-3} \mu m^2$，边界渗透率 K_b 为 $8 \times 10^{-3} \mu m^2$，泄压半径为 1000m，井筒半径为 0.1m，代入储层非均质渗透率构型模型，进而确定 a 的搜索范围是 [0，3]，b 的搜索范围是 [0，1]，步长为 0.00001。部分生产数据见表 5-4。

表 5-4　某特低渗透储层部分生产数据

生产压差/MPa	产量/$m^3 \cdot s^{-1}$
6.21	0.3772×10^{-5}
6.53	0.3984×10^{-5}
6.19	0.3759×10^{-5}
5.98	0.3620×10^{-5}
5.95	0.3600×10^{-5}
6.32	0.3845×10^{-5}
6.52	0.3978×10^{-5}

　　利用文中建立的数学模型对渗透率构型参数进行参数优化反演，见表5-5。结果表明：渗透率构型为非均质渗透率构型（2）时，输出参数的迭代数值最稳定，其余的明显发散。数值计算结果：$a = 2.75$，$b = 0.76$，可确定该特低渗透储层为非均质渗透率构型（2），即对数上凸型。

表 5-5　渗透率非均质构型参数反演数值结果

迭代次数	渗透率非均质构型及分布函数		
	（1）型：$K(r) = a + br$	（2）型：$K(r) = a + b\ln r$	（3）型：$K(r) = ae^{br}$
10	$a = 0.72043$	$a = 2.74994$	$a = 0.69752$
	$b = 0.00622$	$b = 0.75996$	$b = 0.00701$
50	$a = 0.88415$	$a = 2.74998$	$a = 0.72927$
	$b = 0.00836$	$b = 0.75999$	$b = 0.39339$
100	$a = 0.99979$	$a = 2.75001$	$a = 0.10001$
	$b = 0.00701$	$b = 0.76001$	$b = 0.00208$

5.8　小结

　　（1）基于低渗储层中启动压力梯度和非均质渗透率构型，结合相渗曲线，修正两相渗流的产能计算公式。

　　（2）针对两相渗流的特点，提出反演渗透率区域分布构型的"二步走"

思路：第一步，利用实际采出程度和含水率的数据，反演确定相渗曲线的拟合参数；第二步，根据低渗透储层的启动压力梯度和渗透率构型修正的产能公式，结合实际产量和压力的生产动态资料，及反演出的相渗曲线，利用所建立的反演理论确定渗透率区域分布的非均质构型。

（3）通过数值模拟可知，在实际生产动态数据完备的前提下，可以在一定精度下反演出渗透率区域分布形态，反映出生产动态对油藏参数分布的变化和初始分布形态的影响，以其对现场生产提供指导。

6 井网类型下非均质渗透率构型的低渗渗流数学模型研究

6.1 前言

对于油田开发，合理的布置注采井网是一个十分重要的问题。低渗透非均质油藏油层由于传导能力差，生产能力低，行列注水方式（两排注水井中间夹 3 排以上生产井）中水井与中间排生产井距离偏大，一般不太适应，大多数低渗透油田都采用面积注水方式。而且，由于低渗透油藏的吸水能力较低，采用注水强度大的面积注水井网，按照以往低渗透油田开发的实践经验，布置生产井和注水井，构成各种井网模式。井网优化的一般模式选取反五点井网、反七点井网、矩形井网和正方形反九点井网及菱形反九点井网进行对比，以下针对不同的井网模式下的渗流特征反问题进行研究。

研究井网模式内部的油藏参数区域分布特征，首先要建立相似流动状态的单元区域划分标准。这里，假设油水井连线作为油水流动的主连通方向，选取相邻油井的半井距作为不同区域的分界线，在此区域里的油藏参数分布沿主连通方向两侧呈对称分布，以此为标准建立划分不同的流动状态区域。在不同的流动状态区域内部的油藏参数区域分布具有不同的非均质性。

本章在不同的井网模式条件下，对油藏参数区域分布渗流特征反问题进行研究。针对五点井网、矩形井网、七点井网、九点井网、菱形九点井网等典型低渗储层的井网类型，建立不同井网模式下的渗流特征数学模型，并建立参数反演优化算法。

注意：本章只是验证井网条件下，不同的注采单元情况下，所建立的油藏参数区域分布渗流特征反问题的求解方法，并不严格要求反映真实油藏下的渗透率非均质分布状态。真实渗透率分布与油藏地质沉积方式和走向，孔隙结构特点等诸多因素有关。这里是验证描述非均质油藏的非线性渗流数学模型反演算法的可行性。

6.2 低渗储层反五点井网的渗流特征数学模型

6.2.1 五点井网模式

五点井网指采油井排与注水井排相间排列，由相邻四口注水井构成的正方形中心为一口采油井，或由相邻四口采油井构成的正方形中心为一口注水井，每口注水井与周围四口采油井相关，每口采油井受四口注水井影响，其注采井数比为 1:1，如图 6-1 所示。

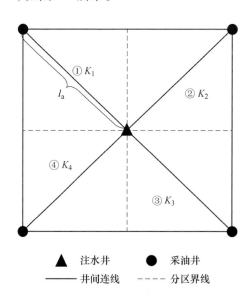

▲	注水井	●	采油井
—— 井间连线		---- 分区界线	

图 6-1   反五点井网模式示意图

（1）产量计算公式。注采平衡下，注入量 = 4 个分区的流量（4 个油井的产液量）。各分区的渗透率区域分布构型不一样。

由分区产量计算公式：

$$Q = \sum_{i=1}^{4} Q_i$$

$$Q_i = \frac{\pi}{2} h K_i(r) r \left\{ \left(\frac{K_{rw}}{\mu_w} + \frac{K_{ro}}{\mu_o} \right) \frac{dp}{dr} - \frac{K_{ro}}{\mu_o} (\lambda_o K_i(r)^{n_{do}}) \right\} \qquad (6-1)$$

式中 Q_i——分区 i 的产量，m^3；

$K_i(r)$——分区 i 的渗透率构型；

l_a——井距，m。

1）分区渗透率构型为线性递增型（1）。

产能公式为：

$$Q = \frac{\pi h}{2} \times \left(\frac{K_{rw}}{\mu_w} + \frac{K_{ro}}{\mu_o} \right) \left[p \Big|_{p_w}^{p_e} - \frac{K_{ro}}{\mu_o} \Big/ \left(\frac{K_{rw}}{\mu_w} + \frac{K_{ro}}{\mu_o} \right) \frac{\lambda (a + br)^{1+n_d}}{b(1 + n_d)} \Big|_{r_w}^{l_a} \right] \Big/ \ln \frac{r}{\frac{a + br}{a}} \Big|_{r_w}^{l_a}$$

(6-2)

2）分区渗透率构型为对数函数型（2）。

产能公式为：

$$Q = \frac{\pi h}{2} \times \left(\frac{K_{rw}}{\mu_w} + \frac{K_{ro}}{\mu_o} \right) \left[p \Big|_{p_w}^{p_e} - \frac{K_{ro}}{\mu_o} \Big/ \left(\frac{K_{rw}}{\mu_w} + \frac{K_{ro}}{\mu_o} \right) \lambda e^{-\frac{a}{b}} \right.$$

$$\left. \left((-b)^{n_d} \cdot \Gamma \left(1 + n_d, -\frac{a + b\ln r}{b} \Big|_{r_w}^{l_a} \right) \right) \right] \Big/ \frac{\ln(a + b\ln r)}{b} \Big|_{r_w}^{l_a}$$

(6-3)

3）分区渗透率构型为指数函数型（3）。

产能公式为：

$$Q = \frac{\pi h}{2} \times \left(\frac{K_{rw}}{\mu_w} + \frac{K_{ro}}{\mu_o} \right) \left[p \Big|_{p_w}^{p_e} - \frac{K_{ro}}{\mu_o} \Big/ \left(\frac{K_{rw}}{\mu_w} + \frac{K_{ro}}{\mu_o} \right) \lambda \left(\frac{(ae^{br})^{n_d}}{bn_d} \Big|_{r_w}^{l_a} \right) \right] \Big/$$

$$\frac{(-\text{Ei}(1, br))}{a} \Big|_{r_w}^{l_a}$$

(6-4)

（2）优化参数方法同 5.5 节，这里不再叙述。

6.2.2 实例分析

采用以下数据试算，进行理论分析：孔隙度 $\phi = 0.12$；$K_a = 8mD$（注水井点），$K_b = 1mD$（采油井点）；油的黏度 $\mu_o = 5.8 mPa \cdot s$；水的黏度 $\mu_w = 0.45 mPa \cdot s$；井距为 $l_a = 200m$；井筒半径 $r_w = 0.1m$；注入压力为 $p_w = 17MPa$；井底流压 $p_w = 7MPa$；储层厚度 $h = 2m$；注入量 $Q = 20m^3/d$。注入时间 $t = 400d$，初始含水饱和度 $S_{wc} = 0.25$，束缚水饱和度 $S_{wi} = 0.78$。对于基础数据加 5% 的噪声（误差）演算，结果和图像如图 6-2 ~ 图 6-4 和表 6-1 所示。

（1）当分区渗透率构型为对数递增时。

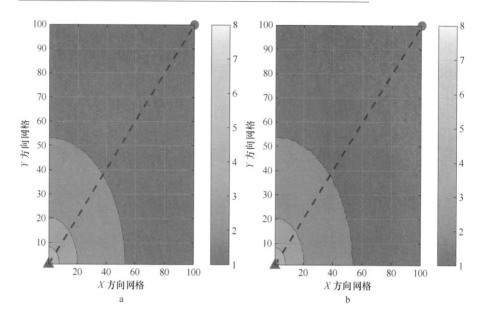

图6-2 分区渗透率区域分布反演图

a—真实渗透率区域分布；b—反演渗透率区域分布

（2）当分区渗透率构型为线性递增时。

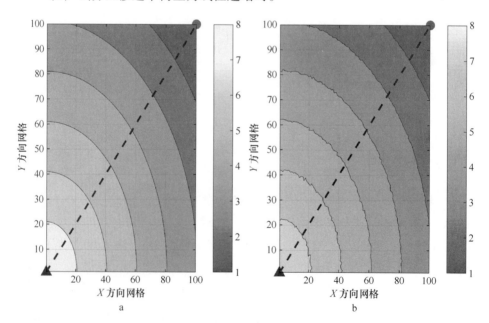

图6-3 分区渗透率区域分布反演图

a—真实渗透率区域分布；b—反演渗透率区域分布

（3）当分区渗透率构型为指数递增时。

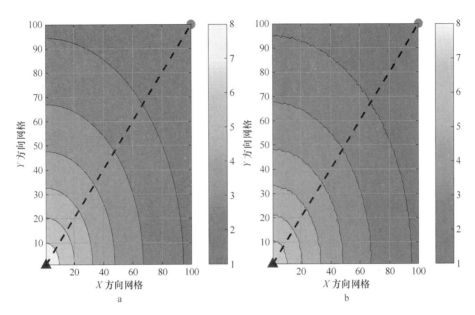

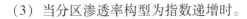

图 6-4　分区渗透率区域分布反演图

a—真实渗透率区域分布；b—反演渗透率区域分布

表 6-1　不同渗透率构型的分区产量

渗透率构型	产量/m³·s⁻¹
K 是常数（4mD），$K(r) = K$	7.73×10^{-6}
K 是线性增加，$K(r) = a + br$	2.65×10^{-6}
K 是对数函数上凸，$K(r) = a + b\ln r$	6.50×10^{-6}
K 是指数函数下凸，$K(r) = ae^{br}$	2.37×10^{-6}

6.3　低渗储层矩形井网的渗流特征数学模型

6.3.1　矩形井网模式

矩形井网是指采油井排与注水井排相间排列，由相邻六口注水井构成的矩形中心为一口采油井或由相邻六口采油井构成的矩形中心为一口注水井，如图 6-5 所示。

（1）产量计算公式。注采平衡下，注入量 =6 个分区的流量 =2 个边井分区的流量 +4 个角井分区的流量。各分区的渗透率区域分布构型不一样。

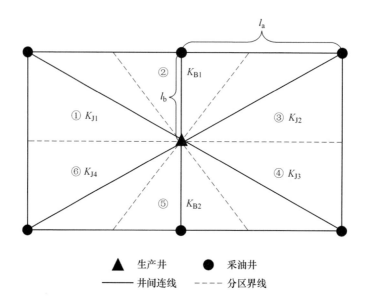

图 6-5　矩形反七点井网

产量计算公式为：

$$Q = \sum_{i=1}^{4} Q_{Ji} + \sum_{j=1}^{2} Q_{Bj} \tag{6-5}$$

边井分区产量计算公式为：

$$Q_{Bi} = \left(2\arctan\left(\frac{l_a}{2l_b}\right)\right)hK_{Bi}(r)r\left\{\left(\frac{K_{rwi}}{\mu_w} + \frac{K_{roi}}{\mu_o}\right)\frac{dp}{dr} - \frac{K_{roi}}{\mu_o}(\lambda_o K_{Bi}(r)^{n_{do}})\right\} \tag{6-6}$$

式中　l_a——井距，m；

$\qquad l_b$——排距，m；

$\quad K_{Bi}(r)$——边井分区 i 的渗透率构型；

$\qquad Q_{Bi}$——边井分区 i 的产量，m³。

角井分区产量计算公式为：

$$Q_{Ji} = \left(\frac{\pi}{2} - 2\arctan\left(\frac{l_a}{2l_b}\right)\right)hK_{Ji}(r)r\left\{\left(\frac{K_{rwi}}{\mu_w} + \frac{K_{roi}}{\mu_o}\right)\frac{dp}{dr} - \frac{K_{roi}}{\mu_o}(\lambda_o K_{Ji}(r)^{n_{do}})\right\} \tag{6-7}$$

式中　$K_{Ji}(r)$——角井分区 i 的渗透率构型；

$\qquad Q_{Ji}$——角井分区 i 的产量，m³。

1）边井分区渗透率构型为线性递增型（1）。

产能公式为：

$$Q = \left(2\arctan\left(\frac{l_{\mathrm{a}}}{2l_{\mathrm{b}}}\right)\right)h\left(\frac{K_{\mathrm{rw}}}{\mu_{\mathrm{w}}} + \frac{K_{\mathrm{ro}}}{\mu_{\mathrm{o}}}\right)$$

$$\left[p\Big|_{p_{\mathrm{w}}}^{p_{\mathrm{e}}} - \frac{K_{\mathrm{ro}}}{\mu_{\mathrm{o}}}\Big/\left(\frac{K_{\mathrm{rw}}}{\mu_{\mathrm{w}}} + \frac{K_{\mathrm{ro}}}{\mu_{\mathrm{o}}}\right)\frac{\lambda\,(a+br)^{1+n_{\mathrm{d}}}}{b(1+n_{\mathrm{d}})}\Big|_{r_{\mathrm{w}}}^{l_{\mathrm{b}}}\right]\Big/\ln\frac{r}{a+br}\Big|_{r_{\mathrm{w}}}^{l_{\mathrm{b}}} \quad (6\text{-}8)$$

2）边井分区渗透率构型为对数函数型（2）。

产能公式为：

$$Q = \left(2\arctan\left(\frac{l_{\mathrm{a}}}{2l_{\mathrm{b}}}\right)\right)h\left(\frac{K_{\mathrm{rw}}}{\mu_{\mathrm{w}}} + \frac{K_{\mathrm{ro}}}{\mu_{\mathrm{o}}}\right)\left[p\Big|_{p_{\mathrm{w}}}^{p_{\mathrm{e}}} - \frac{K_{\mathrm{ro}}}{\mu_{\mathrm{o}}}\Big/\left(\frac{K_{\mathrm{rw}}}{\mu_{\mathrm{w}}} + \frac{K_{\mathrm{ro}}}{\mu_{\mathrm{o}}}\right)\lambda\mathrm{e}^{-\frac{a}{b}}\right.$$

$$\left.\left((-b)^{n_{\mathrm{d}}}\cdot\Gamma\left(1+n_{\mathrm{d}},\,-\frac{a+b\ln r}{b}\right)\Big|_{r_{\mathrm{w}}}^{l_{\mathrm{b}}}\right)\right]\Big/\frac{\ln(a+b\ln r)}{b}\Big|_{r_{\mathrm{w}}}^{l_{\mathrm{b}}} \quad (6\text{-}9)$$

3）边井分区渗透率构型为指数函数型（3）。

产能公式为：

$$Q = \left(2\arctan\left(\frac{l_{\mathrm{a}}}{2l_{\mathrm{b}}}\right)\right)h\left(\frac{K_{\mathrm{rw}}}{\mu_{\mathrm{w}}} + \frac{K_{\mathrm{ro}}}{\mu_{\mathrm{o}}}\right)\left[p\Big|_{p_{\mathrm{w}}}^{p_{\mathrm{e}}} - \frac{K_{\mathrm{ro}}}{\mu_{\mathrm{o}}}\Big/\left(\frac{K_{\mathrm{rw}}}{\mu_{\mathrm{w}}} + \frac{K_{\mathrm{ro}}}{\mu_{\mathrm{o}}}\right)\lambda\right.$$

$$\left.\left(\frac{(a\mathrm{e}^{br})^{n_{\mathrm{d}}}}{bn_{\mathrm{d}}}\Big|_{r_{\mathrm{w}}}^{l_{\mathrm{b}}}\right)\right]\Big/\frac{(-\mathrm{Ei}(1,br))}{a}\Big|_{r_{\mathrm{w}}}^{l_{\mathrm{b}}} \quad (6\text{-}10)$$

4）角井分区渗透率构型为线性递增型（1）。

产能公式为：

$$Q = \left(\frac{\pi}{2} - 2\arctan\left(\frac{l_{\mathrm{a}}}{2l_{\mathrm{b}}}\right)\right)h\left(\frac{K_{\mathrm{rw}}}{\mu_{\mathrm{w}}} + \frac{K_{\mathrm{ro}}}{\mu_{\mathrm{o}}}\right)$$

$$\left[p\Big|_{p_{\mathrm{w}}}^{p_{\mathrm{e}}} - \frac{K_{\mathrm{ro}}}{\mu_{\mathrm{o}}}\Big/\left(\frac{K_{\mathrm{rw}}}{\mu_{\mathrm{w}}} + \frac{K_{\mathrm{ro}}}{\mu_{\mathrm{o}}}\right)\frac{\lambda\,(a+br)^{1+n_{\mathrm{d}}}}{b(1+n_{\mathrm{d}})}\Big|_{r_{\mathrm{w}}}^{\sqrt{l_{\mathrm{a}}^2+l_{\mathrm{b}}^2}}\right]\Big/\ln\frac{r}{a+br}\Big|_{r_{\mathrm{w}}}^{\sqrt{l_{\mathrm{a}}^2+l_{\mathrm{b}}^2}} \quad (6\text{-}11)$$

5）角井分区渗透率构型为对数函数型（2）。

产能公式为：

$$Q = \left(\frac{\pi}{2} - 2\arctan\left(\frac{l_a}{2l_b}\right)\right)h\left(\frac{K_{rw}}{\mu_w} + \frac{K_{ro}}{\mu_o}\right)\left[p\,|_{p_w}^{p_e} - \frac{K_{ro}}{\mu_o}\Big/\left(\frac{K_{rw}}{\mu_w} + \frac{K_{ro}}{\mu_o}\right)\lambda\,\mathrm{e}^{-\frac{a}{b}}\right.$$

$$\left.\left((-b)^{n_d}\cdot\Gamma\left(1 + n_d, -\frac{a + b\ln r}{b}\right)\Big|_{r_w}^{\sqrt{l_a^2+l_b^2}}\right)\right]\Big/\frac{\ln(a + b\ln r)}{b}\Big|_{r_w}^{\sqrt{l_a^2+l_b^2}} \tag{6-12}$$

6) 角井分区渗透率构型为指数函数型（3）。

产能公式为：

$$Q = \left(\frac{\pi}{2} - 2\arctan\left(\frac{l_a}{2l_b}\right)\right)h\left(\frac{K_{rw}}{\mu_w} + \frac{K_{ro}}{\mu_o}\right)\left[p\,|_{p_w}^{p_e} - \frac{K_{ro}}{\mu_o}\Big/\left(\frac{K_{rw}}{\mu_w} + \frac{K_{ro}}{\mu_o}\right)\lambda\right.$$

$$\left.\left(\frac{(ae^{br})^{n_d}}{bn_d}\Big|_{r_w}^{\sqrt{l_a^2+l_b^2}}\right)\right]\Big/\frac{(-\mathrm{Ei}(1,br))}{a}\Big|_{r_w}^{\sqrt{l_a^2+l_b^2}} \tag{6-13}$$

（2）优化参数方法同 5.5 节，这里不再叙述。

6.3.2 实例分析

采用以下数据试算，进行理论分析：孔隙度 $\phi = 0.12$；$K_a = 8\mathrm{mD}$（注水井点），$K_b = 4\mathrm{mD}$（采油井点）；油的黏度 $\mu_o = 5.8\mathrm{mPa\cdot s}$；水的黏度 $\mu_w = 0.45\mathrm{mPa\cdot s}$；井距为 $l_a = 200\mathrm{m}$；排距为 $l_b = 150\mathrm{m}$；井筒半径 $r_w = 0.1\mathrm{m}$；注入压力为 $p_w = 17\mathrm{MPa}$；井底流压 $p_w = 7\mathrm{MPa}$；储层厚度 $h = 2\mathrm{m}$；注入量 $Q = 20\mathrm{m^3/d}$。注入时间 $t = 900\mathrm{d}$，初始含水饱和度 $S_{wc} = 0.25$，束缚水饱和度 $S_{wi} = 0.78$。对于基础数据加 5% 的噪声（误差）演算，结果和图像如图 6-6 ~ 图6-11 和表 6-2 所示。

表 6-2   不同渗透率构型的分区产量

分区类型	渗透率构型	产量/m³·s⁻¹
边井	K 是对数函数上凸，$K(r) = a + b\ln r$	37.33×10^{-7}
	K 是线性增加，$K(r) = a + br$	13.96×10^{-7}
	K 是指数函数下凸，$K(r) = ae^{br}$	13.57×10^{-7}
角井	K 是线性增加，$K(r) = a + br$	5.35×10^{-7}
	K 是指数函数下凸，$K(r) = ae^{br}$	4.45×10^{-7}
	K 是对数函数上凸，$K(r) = a + b\ln r$	12.55×10^{-7}

（1）当角井分区渗透率构型为线性递增时。

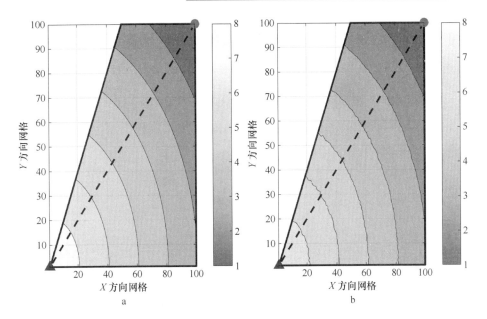

图 6-6　分区渗透率区域分布反演图

a—真实渗透率区域分布；b—反演渗透率区域分布

（2）当角井分区渗透率构型为指数递增时。

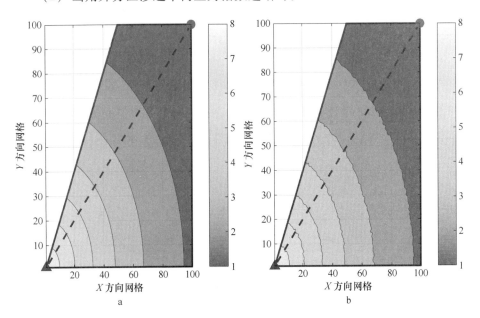

图 6-7　分区渗透率区域分布反演图

a—真实渗透率区域分布；b—反演渗透率区域分布

（3）当角井分区渗透率构型为对数递增时。

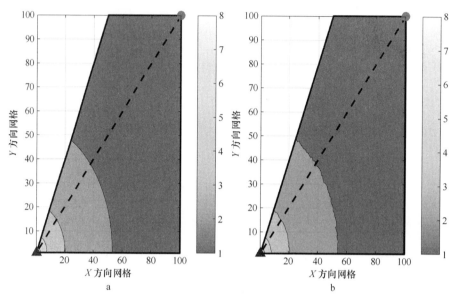

图 6-8　分区渗透率区域分布反演图

a—真实渗透率区域分布；b—反演渗透率区域分布

（4）当角井分区渗透率构型为线性递增时。

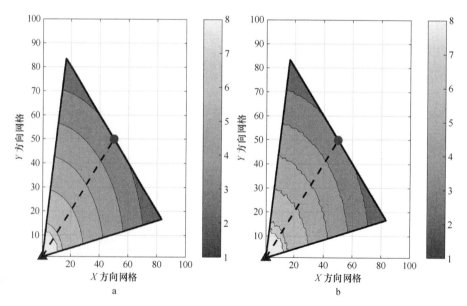

图 6-9　分区渗透率区域分布反演图

a—真实渗透率区域分布；b—反演渗透率区域分布

（5）当边井分区渗透率构型为对数递增时。

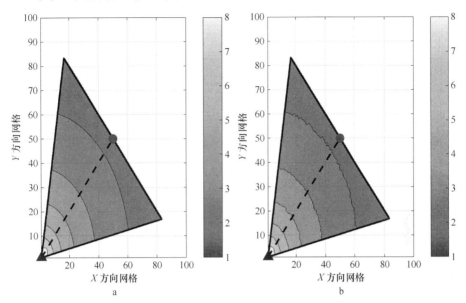

图6-10　分区渗透率区域分布反演图

a—真实渗透率区域分布；b—反演渗透率区域分布

（6）当边井分区渗透率构型为指数递增时。

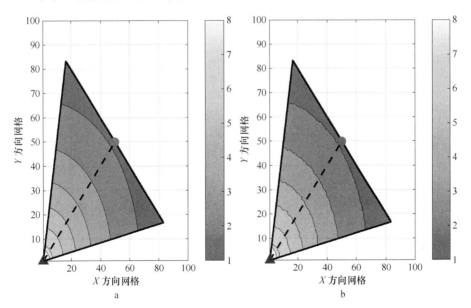

图6-11　分区渗透率区域分布反演图

a—真实渗透率区域分布；b—反演渗透率区域分布

6.4　低渗储层七点井网的渗流特征数学模型

6.4.1　七点井网模式

反七点井网指采油井排与注水井排相间排列，按正三角形井网布置的每个井排上相邻两口注水井之间夹两口采油井，由三口采油井组成的正三角形的中心为一口注水井，由相邻六口注水井构成的矩形中心为一口采油井，或由相邻六口采油井构成的矩形中心为一口注水井，每口采油井与周围三口注水井相关，每口注水井受六口采油井影响，如图 6-12 所示。

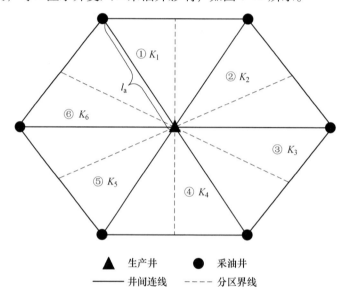

图 6-12　反七点井网模式示意图

（1）产量计算公式。注采平衡下，注入量 = 6 个分区的流量。各分区的渗透率区域分布构型不一样。

由分区产量计算公式：

$$Q = \sum_{i=1}^{6} Q_i$$

$$Q_i = \frac{\pi}{3} h K_i(r) r \left\{ \left(\frac{K_{rw}}{\mu_w} + \frac{K_{ro}}{\mu_o} \right) \frac{dp}{dr} - \frac{K_{ro}}{\mu_o} \left(\lambda_o K_i(r)^{n_{do}} \right) \right\} \qquad (6\text{-}14)$$

1）分区渗透率构型为线性递增型（1）。

产能公式为：

$$Q = \frac{\pi}{3}h\left(\frac{K_{rw}}{\mu_w} + \frac{K_{ro}}{\mu_o}\right)\left[p\,\Big|_{p_w}^{p_e} - \frac{K_{ro}}{\mu_o}\Big/\left(\frac{K_{rw}}{\mu_w} + \frac{K_{ro}}{\mu_o}\right)\frac{\lambda\,(a+br)^{1+n_d}}{b(1+n_d)}\Big|_{r_w}^{l_a}\right]\Big/ \frac{\ln\frac{r}{a+br}}{a}\Big|_{r_w}^{l_a}$$

$$(6\text{-}15)$$

2）分区渗透率构型为对数函数型（2）。

产能公式为：

$$Q = \frac{\pi}{3}h\left(\frac{K_{rw}}{\mu_w} + \frac{K_{ro}}{\mu_o}\right)\left[p\,\Big|_{p_w}^{p_e} - \frac{K_{ro}}{\mu_o}\Big/\left(\frac{K_{rw}}{\mu_w} + \frac{K_{ro}}{\mu_o}\right)\lambda\,\mathrm{e}^{-\frac{a}{b}}\right.$$

$$\left.\left((-b)^{n_d} \cdot \Gamma\left(1+n_d, -\frac{a+b\ln r}{b}\right)\Big|_{r_w}^{l_a}\right)\right]\Big/ \frac{\ln(a+b\ln r)}{b}\Big|_{r_w}^{l_a} \quad (6\text{-}16)$$

3）分区渗透率构型为指数函数型（3）。

产能公式为：

$$Q = \frac{\pi}{3}h\left(\frac{K_{rw}}{\mu_w} + \frac{K_{ro}}{\mu_o}\right)\left[p\,\Big|_{p_w}^{p_e} - \frac{K_{ro}}{\mu_o}\Big/\left(\frac{K_{rw}}{\mu_w} + \frac{K_{ro}}{\mu_o}\right)\lambda\,\frac{(a\mathrm{e}^{br})^{n_d}}{bn_d}\Big|_{r_w}^{l_a}\right]\Big/$$

$$\frac{(-\mathrm{Ei}(1,br))}{a}\Big|_{r_w}^{l_a} \quad (6\text{-}17)$$

（2）优化参数方法同 5.3 节，这里不再叙述。

6.4.2 实例分析

采用以下数据试算，进行理论分析：孔隙度 $\phi = 0.12$；$K_a = 8\mathrm{mD}$（注水井点），$K_b = 1\mathrm{mD}$（采油井点）；油的黏度 $\mu_o = 5.8\mathrm{mPa \cdot s}$；水的黏度 $\mu_w = 0.45\mathrm{mPa \cdot s}$；井距为 $l_a = 200\mathrm{m}$；井筒半径 $r_w = 0.1\mathrm{m}$；注入压力为 $p_w = 17\mathrm{MPa}$；井底流压 $p_w = 7\mathrm{MPa}$；储层厚度 $h = 2\mathrm{m}$；注入量 $Q = 20\mathrm{m^3/d}$。注入时间 $t = 300\mathrm{d}$，初始含水饱和度 $S_{wc} = 0.25$，束缚水饱和度 $S_{wi} = 0.78$。

不同渗透率构型的分区产量见表 6-3。

表 6-3 不同渗透率构型的分区产量

渗透率构型	产量/$\mathrm{m^3 \cdot s^{-1}}$
K 是常数（4mD），$K(r) = K$	15.68×10^{-7}
K 是线性增加，$K(r) = a + br$	5.37×10^{-7}
K 是对数函数上凸，$K(r) = a + b\ln r$	13.23×10^{-7}
K 是指数函数下凸，$K(r) = a\mathrm{e}^{br}$	4.73×10^{-7}

分区渗透率区域分布反演图如图 6-13 ~ 图 6-15 所示。

（1）当分区渗透率构型为对数递增时。

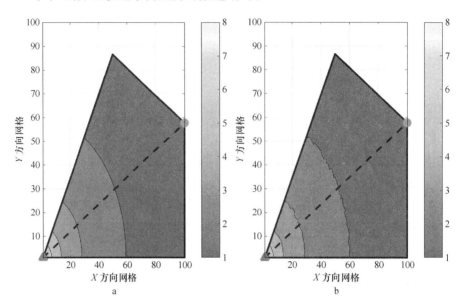

图6-13 分区渗透率区域分布反演图

a—真实渗透率区域分布；b—反演渗透率区域分布

（2）当分区渗透率构型为线性递增时。

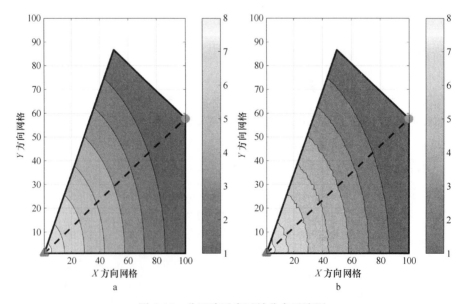

图6-14 分区渗透率区域分布反演图

a—真实渗透率区域分布；b—反演渗透率区域分布

（3）当分区渗透率构型为指数递增时。

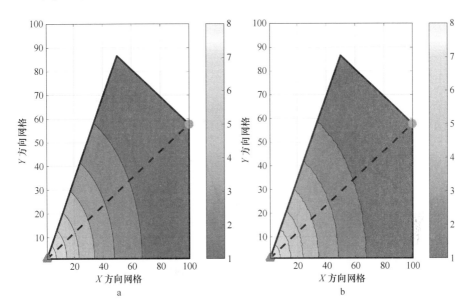

图6-15 分区渗透率区域分布反演图

a—真实渗透率区域分布；b—反演渗透率区域分布

6.5 低渗储层九点井网的渗流特征数学模型

6.5.1 九点井网模式

正方形反九点井网指按正方形井网布置的，相邻两排采油井之间为一排采油井与一排注水井相间的井排，每口注水井与8口采油井相关，每口采油井受2口注水井影响，其注采井数比为1:3，如图6-16所示。

（1）产量计算公式。注采平衡下，注入量=6个分区的流量=4个边井分区的流量+4个角井分区的流量。各分区的渗透率区域分布构型不一样。

由分区产量计算公式：

$$Q = \sum_{i=1}^{4} Q_{Ji} + \sum_{j=1}^{4} Q_{Bi} \qquad (6-18)$$

边井分区产量计算公式为：

$$Q_{Bi} = \left(2\arctan\left(\frac{1}{2}\right)\right)hK_{Bi}(r)r\left\{\left(\frac{K_{rwi}}{\mu_w} + \frac{K_{roi}}{\mu_o}\right)\frac{\mathrm{d}p}{\mathrm{d}r} - \frac{K_{roi}}{\mu_o}(\lambda_o K_{Bi}(r)^{n_{do}})\right\}$$

$$(6-19)$$

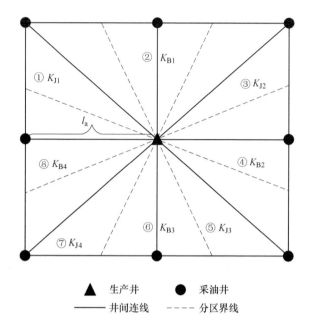

▲ 生产井 ● 采油井
—— 井间连线 - - - - 分区界线

图 6-16 正方形反九点井网

角井分区产量计算公式为:

$$Q_{\mathrm{J}i} = \left(\frac{\pi}{2} - 2\arctan\left(\frac{1}{2}\right)\right) h K_{\mathrm{J}i}(r) r \left\{\left(\frac{K_{\mathrm{rw}i}}{\mu_{\mathrm{w}}} + \frac{K_{\mathrm{ro}i}}{\mu_{\mathrm{o}}}\right)\frac{\mathrm{d}p}{\mathrm{d}r} - \frac{K_{\mathrm{ro}i}}{\mu_{\mathrm{o}}}\left(\lambda_{\mathrm{o}} K_{\mathrm{J}i}(r)^{n_{\mathrm{do}}}\right)\right\}$$

$$(6\text{-}20)$$

1) 边井分区渗透率构型为线性递增型 (1)。

产能公式为:

$$Q = \left(2\arctan\left(\frac{1}{2}\right)\right) h \left(\frac{K_{\mathrm{rw}}}{\mu_{\mathrm{w}}} + \frac{K_{\mathrm{ro}}}{\mu_{\mathrm{o}}}\right)$$

$$\left[p\left|_{p_{\mathrm{w}}}^{p_{\mathrm{e}}} - \frac{K_{\mathrm{ro}}}{\mu_{\mathrm{o}}} \middle/ \left(\frac{K_{\mathrm{rw}}}{\mu_{\mathrm{w}}} + \frac{K_{\mathrm{ro}}}{\mu_{\mathrm{o}}}\right)\frac{\lambda\,(a+br)^{1+n_{\mathrm{d}}}}{b(1+n_{\mathrm{d}})}\middle|_{r_{\mathrm{w}}}^{l_{\mathrm{a}}}\right] \middle/ \left.\ln\frac{r}{\frac{a+br}{a}}\right|_{r_{\mathrm{w}}}^{l_{\mathrm{a}}} \quad (6\text{-}21)$$

2) 边井分区渗透率构型为对数函数型 (2)。

产能公式为:

$$Q = \left(2\arctan\left(\frac{1}{2}\right)\right) h \left(\frac{K_{\mathrm{rw}}}{\mu_{\mathrm{w}}} + \frac{K_{\mathrm{ro}}}{\mu_{\mathrm{o}}}\right)\left[p\left|_{p_{\mathrm{w}}}^{p_{\mathrm{e}}} - \frac{K_{\mathrm{ro}}}{\mu_{\mathrm{o}}}\middle/\left(\frac{K_{\mathrm{rw}}}{\mu_{\mathrm{w}}} + \frac{K_{\mathrm{ro}}}{\mu_{\mathrm{o}}}\right)\lambda\,\mathrm{e}^{-\frac{a}{b}}\right.$$

$$\left((-b)^{n_d} \cdot \Gamma\left(1 + n_d, -\frac{a + b\ln r}{b} \right)\Big|_{r_w}^{l_a} \right) \Big/ \frac{\ln(a + b\ln r)}{b}\Big|_{r_w}^{l_a} \quad (6-22)$$

3）边井分区渗透率构型为指数函数型（3）。

产能公式为：

$$Q = \left(2\arctan\left(\frac{1}{2} \right) \right) h\left(\frac{K_{rw}}{\mu_w} + \frac{K_{ro}}{\mu_o} \right)$$

$$\left[p\big|_{p_w}^{p_e} - \frac{K_{ro}}{\mu_o} \Big/ \left(\frac{K_{rw}}{\mu_w} + \frac{K_{ro}}{\mu_o} \right) \lambda\left(\frac{(ae^{br})^{n_d}}{bn_d}\Big|_{r_w}^{l_a} \right) \right] \Big/ \frac{(-Ei(1, br))}{a}\Big|_{r_w}^{l_a} \quad (6-23)$$

4）角井分区渗透率构型为线性递增型（1）。

产能公式为：

$$Q = \left(\frac{\pi}{2} - 2\arctan\left(\frac{1}{2} \right) \right) h\left(\frac{K_{rw}}{\mu_w} + \frac{K_{ro}}{\mu_o} \right)$$

$$\left[p\big|_{p_w}^{p_e} - \frac{K_{ro}}{\mu_o} \Big/ \left(\frac{K_{rw}}{\mu_w} + \frac{K_{ro}}{\mu_o} \right) \frac{\lambda (a + br)^{1+n_d}}{b(1 + n_d)}\Big|_{r_w}^{\sqrt{2}l_a} \right] \Big/ \frac{\ln\frac{r}{a + br}}{a}\Big|_{r_w}^{\sqrt{2}l_a} \quad (6-24)$$

5）角井分区渗透率构型为对数函数型（2）。

产能公式为：

$$Q = \left(\frac{\pi}{2} - 2\arctan\left(\frac{1}{2} \right) \right) h\left(\frac{K_{rw}}{\mu_w} + \frac{K_{ro}}{\mu_o} \right) \left[p\big|_{p_w}^{p_e} - \frac{K_{ro}}{\mu_o} \Big/ \left(\frac{K_{rw}}{\mu_w} + \frac{K_{ro}}{\mu_o} \right) \lambda e^{-\frac{a}{b}} \right.$$

$$\left. \left((-b)^{n_d} \cdot \Gamma\left(1 + n_d, -\frac{a + b\ln r}{b} \right)\Big|_{r_w}^{\sqrt{2}l_a} \right) \right] \Big/ \frac{\ln(a + b\ln r)}{b}\Big|_{r_w}^{\sqrt{2}l_a} \quad (6-25)$$

6）角井分区渗透率构型为指数函数型（3）。

产能公式为：

$$Q = \left(\frac{\pi}{2} - 2\arctan\left(\frac{1}{2} \right) \right) h\left(\frac{K_{rw}}{\mu_w} + \frac{K_{ro}}{\mu_o} \right)$$

$$\left[p\big|_{p_w}^{p_e} - \frac{K_{ro}}{\mu_o} \Big/ \left(\frac{K_{rw}}{\mu_w} + \frac{K_{ro}}{\mu_o} \right) \lambda\left(\frac{(ae^{br})^{n_d}}{bn_d}\Big|_{r_w}^{\sqrt{2}l_a} \right) \right] \Big/ \frac{(-Ei(1, br))}{a}\Big|_{r_w}^{\sqrt{2}l_a} \quad (6-26)$$

（2）优化参数方法同5.3节，这里不再叙述。

6.5.2 实例分析

采用以下数据试算，进行理论分析：孔隙度 $\phi = 0.12$；$K_a = 8\text{mD}$（注水井点），$K_b = 1\text{mD}$（采油井点）；油的黏度 $\mu_o = 5.8\text{mPa} \cdot \text{s}$；水的黏度 $\mu_w = 0.45\text{mPa} \cdot \text{s}$；井距为 $l_a = 300\text{m}$；井筒半径 $r_w = 0.1\text{m}$；注入压力为 $p_w = 17\text{MPa}$；井底流压 $p_w = 7\text{MPa}$；储层厚度 $h = 2\text{m}$；注入量 $Q = 20\text{m}^3/\text{d}$。注入时间 $t = 300\text{d}$，初始含水饱和度 $S_{wc} = 0.25$，束缚水饱和度 $S_{wi} = 0.78$。演算结果和图像如图 6-17 ~ 图 6-22 和表 6-4 所示。

表 6-4   不同渗透率构型的分区产量

分区类型	渗透率构型	产量/$\text{m}^3 \cdot \text{s}^{-1}$
边井	K 是常数（4mD），$K(r) = K$	5.97×10^{-7}
	K 是指数函数下凸，$K(r) = ae^{br}$	1.74×10^{-7}
	K 是对数函数上凸，$K(r) = a + b\ln r$	5.09×10^{-7}
	K 是线性增加，$K(r) = a + br$	1.99×10^{-7}
角井	K 是对数函数上凸，$K(r) = a + b\ln r$	7.00×10^{-7}
	K 是常数（4mD），$K(r) = K$	8.17×10^{-7}
	K 是线性增加，$K(r) = a + br$	2.70×10^{-7}
	K 是指数函数下凸，$K(r) = ae^{br}$	2.32×10^{-7}

（1）当角井分区渗透率构型为对数递增时。

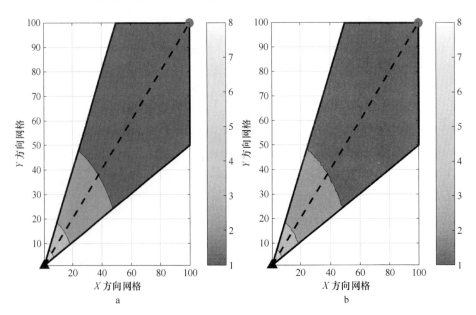

图 6-17   分区渗透率区域分布反演图

a—真实渗透率区域分布；b—反演渗透率区域分布

（2）当角井分区渗透率构型为指数递增时。

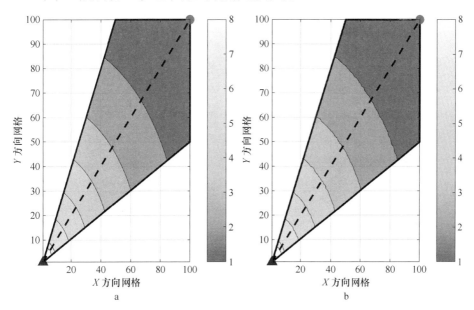

图6-18　分区渗透率区域分布反演图

a—真实渗透率区域分布；b—反演渗透率区域分布

（3）当角井分区渗透率构型为线性递增时。

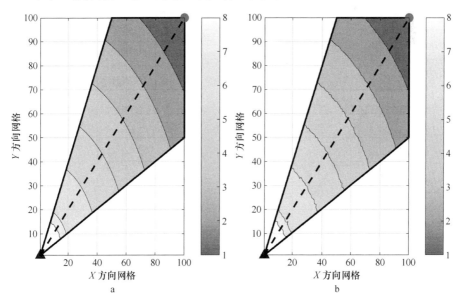

图6-19　分区渗透率区域分布反演图

a—真实渗透率区域分布；b—反演渗透率区域分布

（4）当边井分区渗透率构型为对数递增时。

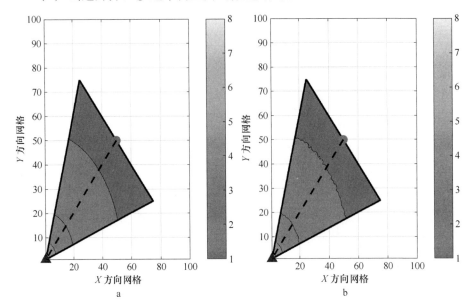

a

b

图 6-20　分区渗透率区域分布反演图

a—真实渗透率区域分布；b—反演渗透率区域分布

（5）当边井分区渗透率构型为线性递增时。

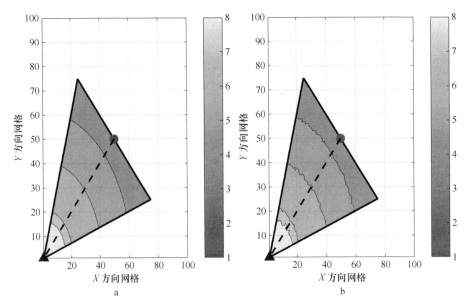

a

b

图 6-21　分区渗透率区域分布反演图

a—真实渗透率区域分布；b—反演渗透率区域分布

（6）当边井分区渗透率构型为指数递增时。

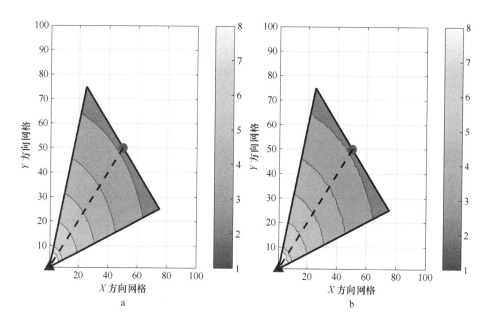

图 6-22　分区渗透率区域分布反演图

a—真实渗透率区域分布；b—反演渗透率区域分布

6.6　低渗储层菱形九点井网的渗流特征数学模型

6.6.1　菱形九点井网模式

菱形反九点井网指按正方形井网布置的相邻两排采油井之间为一排采油井与一排注水井相间的井排，每口注水井与八口采油井相关，每口采油井受两口注水井影响，如图 6-23 所示。

（1）产量计算公式。注采平衡下，注入量 = 6 个分区的流量 = 4 个边井分区的流量 + 2 个上（下）角井分区的流量 + 2 个左（右）角井分区的流量。各分区的渗透率区域分布构型不一样。

产量计算公式为：

$$Q = \sum_{j=1}^{2} Q_{\mathrm{XJ}j} + \sum_{j=1}^{2} Q_{\mathrm{SJ}j} + \sum_{i=1}^{4} Q_{\mathrm{B}i} \qquad (6\text{-}27)$$

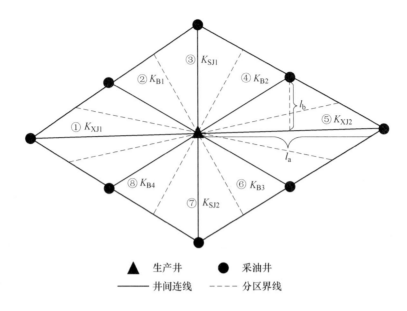

图 6-23　菱形反九点井网

边井分区产量计算公式为：

$$Q_{Bi} = \left(\frac{\pi}{2} - \arctan\left(\frac{l_a}{6l_b} \right) - \arctan\left(\frac{2l_b}{3l_a} \right) \right) h K_{Bi}(r) r$$

$$\left\{ \left(\frac{K_{rwi}}{\mu_w} + \frac{K_{roi}}{\mu_o} \right) \frac{dp}{dr} - \frac{K_{roi}}{\mu_o} (\lambda_o K_{Bi}(r)^{n_{do}}) \right\} \qquad (6\text{-}28)$$

上（下）角井分区产量计算公式为：

$$Q_{SJi} = \left(2\arctan\left(\frac{l_a}{6l_b} \right) \right) h K_{SJi}(r) r \left\{ \left(\frac{K_{rwi}}{\mu_w} + \frac{K_{roi}}{\mu_o} \right) \frac{dp}{dr} - \frac{K_{roi}}{\mu_o} (\lambda_o K_{SJi}(r)^{n_{do}}) \right\}$$

$$(6\text{-}29)$$

式中　$K_{SJi}(r)$——上（下）角井分区 i 的渗透率构型；

　　　Q_{SJi}——上（下）角井分区 i 的产量，m^3。

左（右）角井分区产量计算公式为：

$$Q_{XJi} = \left(2\arctan\left(\frac{2l_b}{3l_a} \right) \right) h K_{XJi}(r) r \left\{ \left(\frac{K_{rwi}}{\mu_w} + \frac{K_{roi}}{\mu_o} \right) \frac{dp}{dr} - \frac{K_{roi}}{\mu_o} (\lambda_o K_{XJi}(r)^{n_{do}}) \right\}$$

$$(6\text{-}30)$$

式中　$K_{XJi}(r)$——左（右）角井分区 i 的渗透率构型；

　　　Q_{XJi}——左（右）角井分区 i 的产量，m^3。

1）边井分区渗透率构型为线性递增型（1）。

产能公式为：

$$Q = \left(\frac{\pi}{2} - \arctan\left(\frac{l_a}{6l_b} \right) - \arctan\left(\frac{2l_b}{3l_a} \right) \right) h \left(\frac{K_{rw}}{\mu_w} + \frac{K_{ro}}{\mu_o} \right)$$

$$\left[p \Big|_{p_w}^{p_e} - \frac{K_{ro}}{\mu_o} \Big/ \left(\frac{K_{rw}}{\mu_w} + \frac{K_{ro}}{\mu_o} \right) \frac{\lambda (a + br)^{1+n_d}}{b(1 + n_d)} \Big|_{r_w}^{\sqrt{l_b^2 + \left(\frac{l_a}{2} \right)^2}} \right] \Big/ \ln \frac{r}{\frac{a + br}{a}} \Big|_{r_w}^{\sqrt{l_b^2 + \left(\frac{l_a}{2} \right)^2}}$$

$$(6\text{-}31)$$

2）边井分区渗透率构型为对数函数型（2）。

产能公式为：

$$Q = \left(\frac{\pi}{2} - \arctan\left(\frac{l_a}{6l_b} \right) - \arctan\left(\frac{2l_b}{3l_a} \right) \right) h \left(\frac{K_{rw}}{\mu_w} + \frac{K_{ro}}{\mu_o} \right) \left[p \Big|_{p_w}^{p_e} - \frac{K_{ro}}{\mu_o} \Big/ \left(\frac{K_{rw}}{\mu_w} + \frac{K_{ro}}{\mu_o} \right) \lambda e^{-\frac{a}{b}} \right.$$

$$\left. \left((-b)^{n_d} \cdot \Gamma\left(1 + n_d, -\frac{a + b\ln r}{b} \right) \Big|_{r_w}^{\sqrt{l_b^2 + \left(\frac{l_a}{2} \right)^2}} \right) \right] \Big/ \frac{\ln(a + b\ln r)}{b} \Big|_{r_w}^{\sqrt{l_b^2 + \left(\frac{l_a}{2} \right)^2}}$$

$$(6\text{-}32)$$

3）边井分区渗透率构型为指数函数型（3）。

产能公式为：

$$Q = \left(\frac{\pi}{2} - \arctan\left(\frac{l_a}{6l_b} \right) - \arctan\left(\frac{2l_b}{3l_a} \right) \right) h \left(\frac{K_{rw}}{\mu_w} + \frac{K_{ro}}{\mu_o} \right)$$

$$\left[p \Big|_{p_w}^{p_e} - \frac{K_{ro}}{\mu_o} \Big/ \left(\frac{K_{rw}}{\mu_w} + \frac{K_{ro}}{\mu_o} \right) \lambda \left(\frac{(ae^{br})^{n_d}}{bn_d} \Big|_{r_w}^{\sqrt{l_b^2 + \left(\frac{l_a}{2} \right)^2}} \right) \right] \Big/ \frac{(-\text{Ei}(1, br))}{a} \Big|_{r_w}^{\sqrt{l_b^2 + \left(\frac{l_a}{2} \right)^2}}$$

$$(6\text{-}33)$$

4）上（下）角井分区渗透率构型为线性递增型（1）。

产能公式为：

$$Q = \left(2\arctan\left(\frac{l_a}{6l_b}\right)\right)h\left(\frac{K_{rw}}{\mu_w} + \frac{K_{ro}}{\mu_o}\right)$$

$$\left[p\Big|_{p_w}^{p_e} - \frac{K_{ro}}{\mu_o}\Big/\left(\frac{K_{rw}}{\mu_w} + \frac{K_{ro}}{\mu_o}\right)\frac{\lambda(a+br)^{1+n_d}}{b(1+n_d)}\Big|_{r_w}^{2l_b}\right]\Big/\frac{\ln\dfrac{r}{a+br}}{a}\Big|_{r_w}^{2l_b} \quad (6\text{-}34)$$

5) 上（下）角井分区渗透率构型为对数函数型（2）。

产能公式为：

$$Q = \left(2\arctan\left(\frac{l_a}{6l_b}\right)\right)h\left(\frac{K_{rw}}{\mu_w} + \frac{K_{ro}}{\mu_o}\right)\left[p\Big|_{p_w}^{p_e} - \frac{K_{ro}}{\mu_o}\Big/\left(\frac{K_{rw}}{\mu_w} + \frac{K_{ro}}{\mu_o}\right)\lambda e^{-\frac{a}{b}}\right.$$

$$\left.\left((-b)^{n_d}\cdot\Gamma\left(1+n_d, -\frac{a+b\ln r}{b}\right)\Big|_{r_w}^{2l_b}\right)\right]\Big/\frac{\ln(a+b\ln r)}{b}\Big|_{r_w}^{2l_b} \quad (6\text{-}35)$$

6) 上（下）角井分区渗透率构型为指数函数型（3）。

产能公式为：

$$Q = \left(2\arctan\left(\frac{l_a}{6l_b}\right)\right)h\left(\frac{K_{rw}}{\mu_w} + \frac{K_{ro}}{\mu_o}\right)$$

$$\left[p\Big|_{p_w}^{p_e} - \frac{K_{ro}}{\mu_o}\Big/\left(\frac{K_{rw}}{\mu_w} + \frac{K_{ro}}{\mu_o}\right)\lambda\left(\frac{(ae^{br})^{n_d}}{bn_d}\Big|_{r_w}^{2l_b}\right)\right]\Big/\frac{(-Ei(1,br))}{a}\Big|_{r_w}^{2l_b} \quad (6\text{-}36)$$

7) 左（右）角井分区渗透率构型为线性递增型（1）。

产能公式为：

$$Q = \left(2\arctan\left(\frac{2l_b}{3l_a}\right)\right)h\left(\frac{K_{rw}}{\mu_w} + \frac{K_{ro}}{\mu_o}\right)$$

$$\left[p\Big|_{p_w}^{p_e} - \frac{K_{ro}}{\mu_o}\Big/\left(\frac{K_{rw}}{\mu_w} + \frac{K_{ro}}{\mu_o}\right)\frac{\lambda(a+br)^{1+n_d}}{b(1+n_d)}\Big|_{r_w}^{l_a}\right]\Big/\frac{\ln\dfrac{r}{a+br}}{a}\Big|_{r_w}^{l_a} \quad (6\text{-}37)$$

8) 左（右）角井分区渗透率构型为对数函数型（2）。

产能公式为：

$$Q = \left(2\arctan\left(\frac{2l_b}{3l_a}\right)\right)h\left(\frac{K_{rw}}{\mu_w} + \frac{K_{ro}}{\mu_o}\right)\left[p\Big|_{p_w}^{p_e} - \frac{K_{ro}}{\mu_o}\Big/\left(\frac{K_{rw}}{\mu_w} + \frac{K_{ro}}{\mu_o}\right)\lambda e^{-\frac{a}{b}}\right.$$

$$\left((- b)^{n_\mathrm{d}} \cdot \Gamma \left(1 + n_\mathrm{d}, - \frac{a + b\ln r}{b} \right) \Big|_{r_\mathrm{w}}^{l_\mathrm{a}} \right) \Big/ \frac{\ln (a + b\ln r)}{b} \Big|_{r_\mathrm{w}}^{l_\mathrm{a}} \quad (6\text{-}38)$$

9）左（右）角井分区渗透率构型为指数函数型（3）。

产能公式为：

$$Q = \left(2\arctan \left(\frac{2l_\mathrm{b}}{3l_\mathrm{a}} \right) \right) h \left(\frac{K_\mathrm{rw}}{\mu_\mathrm{w}} + \frac{K_\mathrm{ro}}{\mu_\mathrm{o}} \right)$$

$$\left[p \Big|_{p_\mathrm{w}}^{p_\mathrm{e}} - \frac{K_\mathrm{ro}}{\mu_\mathrm{o}} \Big/ \left(\frac{K_\mathrm{rw}}{\mu_\mathrm{w}} + \frac{K_\mathrm{ro}}{\mu_\mathrm{o}} \right) \lambda \left(\frac{(a\mathrm{e}^{br})^{n_\mathrm{d}}}{bn_\mathrm{d}} \Big|_{r_\mathrm{w}}^{l_\mathrm{a}} \right) \right] \Big/ \frac{(- \mathrm{Ei} (1, br))}{a} \Big|_{r_\mathrm{w}}^{l_\mathrm{a}} \quad (6\text{-}39)$$

（2）优化参数方法同5.3节，这里不再叙述。

6.6.2 实例分析

采用以下数据试算，进行理论分析：孔隙度 $\phi = 0.12$；$K_\mathrm{a} = 8\mathrm{mD}$（注水井点），$K_\mathrm{b} = 4\mathrm{mD}$（采油井点）；油的黏度 $\mu_\mathrm{o} = 5.8\mathrm{mPa \cdot s}$；水的黏度 $\mu_\mathrm{w} = 0.45\mathrm{mPa \cdot s}$；井距为 $l_\mathrm{a} = 300\mathrm{m}$；排距为 $l_\mathrm{b} = 150\mathrm{m}$；井筒半径 $r_\mathrm{w} = 0.1\mathrm{m}$；注入压力为 $p_\mathrm{w} = 17\mathrm{MPa}$；井底流压 $p_\mathrm{w} = 7\mathrm{MPa}$；储层厚度 $h = 2\mathrm{m}$；注入量 $Q = 20\mathrm{m}^3/\mathrm{d}$。注入时间 $t = 600\mathrm{d}$，初始含水饱和度 $S_\mathrm{wc} = 0.25$，束缚水饱和度 $S_\mathrm{wi} = 0.78$。对于基础数据加5%的噪声（误差）演算，结果和图像如图6-24~图6-32和表6-5所示。

表6-5　不同渗透率构型的分区产量

分区类型	渗透率构型	产量/$\mathrm{m}^3 \cdot \mathrm{s}^{-1}$
边井	K 是常数（4mD），$K(r) = K$	44.30×10^{-7}
	K 是指数函数下凸，$K(r) = a\mathrm{e}^{br}$	13.50×10^{-7}
	K 是对数函数上凸，$K(r) = a + b\ln r$	37.29×10^{-7}
	K 是线性增加，$K(r) = a + br$	15.26×10^{-7}
上角井（下）	K 是对数函数上凸，$K(r) = a + b\ln r$	38.38×10^{-7}
	K 是线性递增，$K(r) = a + br$	15.64×10^{-7}
	K 是指数函数下凸，$K(r) = a\mathrm{e}^{br}$	13.85×10^{-7}
左角井（右）	K 是对数函数上凸，$K(r) = a + b\ln r$	17.19×10^{-7}
	K 是线性增加，$K(r) = a + br$	6.87×10^{-7}
	K 是指数函数下凸，$K(r) = a\mathrm{e}^{br}$	6.14×10^{-7}

（1）当边井分区渗透率构型为线性递增时。

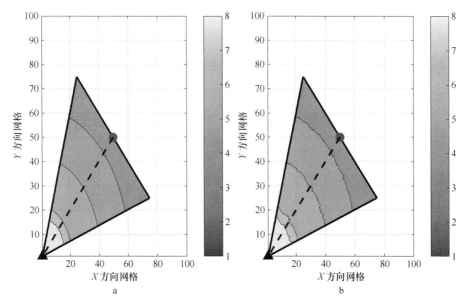

图 6-24　分区渗透率区域分布反演图

a—真实渗透率区域分布；b—反演渗透率区域分布

（2）当边井分区渗透率构型为对数递增时。

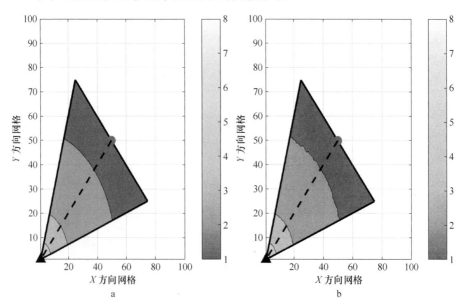

图 6-25　分区渗透率区域分布反演图

a—真实渗透率区域分布；b—反演渗透率区域分布

（3）当边井分区渗透率构型为指数递增时。

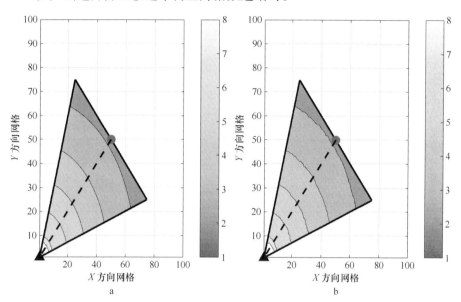

a

图6-26 分区渗透率区域分布反演图

a—真实渗透率区域分布；b—反演渗透率区域分布

（4）当左（右）角井分区渗透率构型为线性递增时。

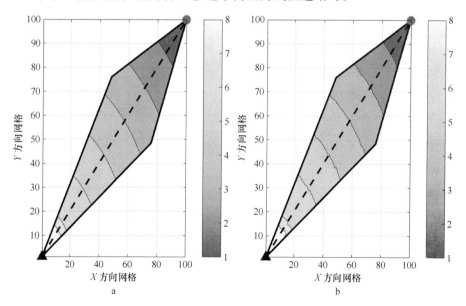

a

图6-27 分区渗透率区域分布反演图

a—真实渗透率区域分布；b—反演渗透率区域分布

（5）当左（右）角井分区渗透率构型为指数递增时。

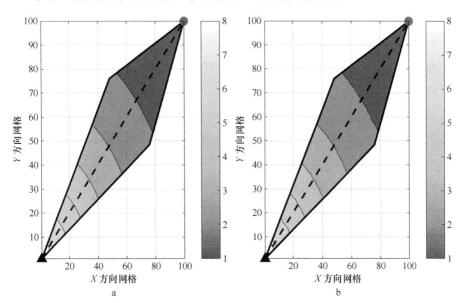

a

b

图6-28 分区渗透率区域分布反演图

a—真实渗透率区域分布；b—反演渗透率区域分布

（6）当左（右）角井分区渗透率构型为对数递增时。

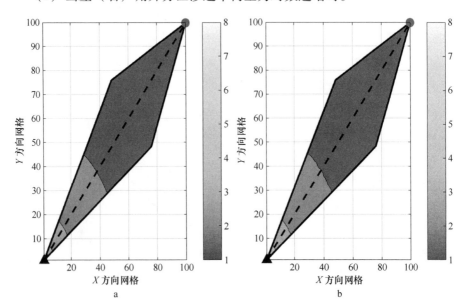

a

b

图6-29 分区渗透率区域分布反演图

a—真实渗透率区域分布；b—反演渗透率区域分布

（7）当上（下）角井分区渗透率构型为对数递增时。

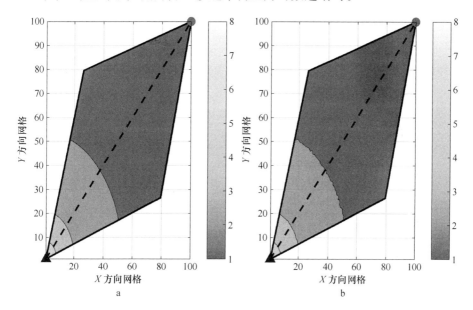

a   b

图6-30 分区渗透率区域分布反演图

a—真实渗透率区域分布；b—反演渗透率区域分布

（8）当上（下）角井分区渗透率构型为线性递增时。

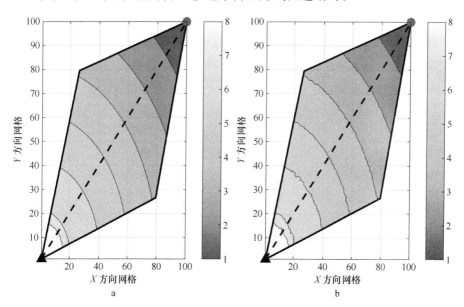

a   b

图6-31 分区渗透率区域分布反演图

a—真实渗透率区域分布；b—反演渗透率区域分布

（9）当上（下）角井分区渗透率构型为指数递增时。

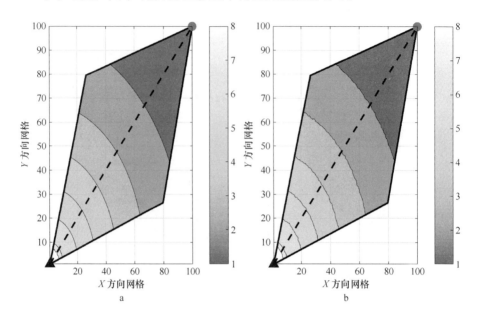

a

b

图6-32 分区渗透率区域分布反演图

a—真实渗透率区域分布；b—反演渗透率区域分布

6.7 小结

本章研究在井网条件下，井网流动分区的储层渗透率区域分布的构型不同，结合井间相对渗透率曲线控制区域划分方法，推导各分区和井网的产能公式，完善前文所建立的低渗透非均质储层的渗透率非均质构型反演理论，并通过实例分析和数值模拟进行验证，验算其可行性。

7 非均质渗透率构型的低渗储层全油藏渗流特征理论研究

7.1 前言

本章基于单相及两相情况下的非均质低渗透储层参数区域分布渗流理论，通过在不同井网条件下进行验算，推广到全油藏，以期实现多尺度下的储层参数区域分布渗流特征理论。

全油藏的单元是井网单元，即考虑井网单元的储层参数区域分布。

7.2 单层低渗储层的全油藏渗流特征理论研究

典型井组（三个井网）的示意图，如图 7-1 ~ 图 7-3 所示。

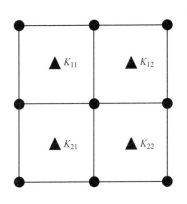

图 7-1　反五点井组

对于区块或者井组来说，如果有 $m \times n$ 个井网单元，则渗透率分布为如下矩阵：

$$K_{m \times n} = \begin{bmatrix} K_{11} & K_{12} & \cdots & K_{1n} \\ K_{21} & K_{22} & \cdots & K_{2n} \\ \vdots & \vdots & \ddots & \vdots \\ K_{m1} & K_{m2} & \cdots & K_{mn} \end{bmatrix}$$

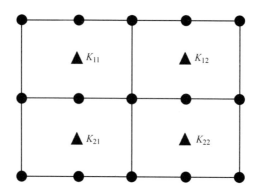

图 7-2　矩形反七点井组

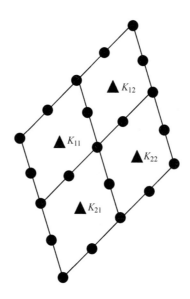

图 7-3　菱形反九点井组

厚度分布为如下矩阵：

$$
h_{m \times n} = \begin{bmatrix} h_{11} & h_{12} & \cdots & h_{1n} \\ h_{21} & h_{22} & \cdots & h_{2n} \\ \vdots & \vdots & \ddots & \vdots \\ h_{m1} & h_{m2} & \cdots & h_{mn} \end{bmatrix}
$$

压力分布为如下矩阵：

$$P_{m \times n} = \begin{bmatrix} p_{11} & p_{12} & \cdots & p_{1n} \\ p_{21} & p_{22} & \cdots & p_{2n} \\ \vdots & \vdots & \ddots & \vdots \\ p_{m1} & p_{m2} & \cdots & p_{mn} \end{bmatrix}$$

流量分布为如下矩阵：

$$Q_{m \times n} = \begin{bmatrix} Q_{11} & Q_{12} & \cdots & Q_{1n} \\ Q_{21} & Q_{22} & \cdots & Q_{2n} \\ \vdots & \vdots & \ddots & \vdots \\ Q_{m1} & Q_{m2} & \cdots & Q_{mn} \end{bmatrix}$$

另外，每一个井网单元可以根据相应含水率和采出程度关系确定相渗关系为如下矩阵：

$$(K_{rw} \sim K_{ro})_{m \times n} = \begin{bmatrix} (K_{rw} \sim K_{ro})_{11} & (K_{rw} \sim K_{ro})_{12} & \cdots & (K_{rw} \sim K_{ro})_{1n} \\ (K_{rw} \sim K_{ro})_{21} & (K_{rw} \sim K_{ro})_{22} & \cdots & (K_{rw} \sim K_{ro})_{2n} \\ \vdots & \vdots & \ddots & \vdots \\ (K_{rw} \sim K_{ro})_{m1} & (K_{rw} \sim K_{ro})_{m2} & \cdots & (K_{rw} \sim K_{ro})_{mn} \end{bmatrix}$$

通过计算：

$$\| Q_{m \times n} - Q_{m \times n}^{*} \| = \min_{(a,b)} \left\{ \| 2\pi h_{m \times n} r_{m \times n} \| \left\| \left(\frac{K_{rw}}{\mu_w} + \frac{K_{ro}}{\mu_o} \right)_{m \times n} \right. \right.$$

$$(K_{m \times n}(a,b) \nabla p_{m \times n} - K_{m \times n}^{*}(a,b) \nabla p_{m \times n}^{*}) -$$

$$\left. \left. \left(\frac{K_{ro}}{\mu_o} \right)_{m \times n} \lambda_{m \times n} (K(a,b)^{n_{d_{m \times n}}} - K^{*}(a,b)^{n_{d_{m \times n}}}) \right\| \right\} \leqslant \delta$$

基于反演思路，根据前文的相同的思路，建立针对渗透率非均质特性的反演算法，步骤如下：

（1）已知生产压差 $\nabla p_{m \times n}^{*}$，实际流量 $Q_{m \times n}^{*}$，试验获得的启动压力梯度特征参数 $\lambda_{m \times n}$、$n_{d_{m \times n}}$，相渗曲线关系 $K_{rw_{m \times n}}$ 和 $K_{ro_{m \times n}}$（作为确定量）以及假定渗透率非均质的分布函数为 $K_{m \times n}^{*}(a, b)$。

（2）给出预估渗透率分布函数 $K_{m \times n}(a, b)$ 构型参数 a、b 的搜索范围，代入生产动态资料的压力梯度为 $\nabla p_{m \times n}$，流量为 $Q_{m \times n}$。

（3）如果预估渗透率分布 $K_{m \times n}(a, b)$ 满足实际的压力梯度 $\nabla p_{m \times n}^{*}$，则满足目标函数。

（4）如果预估渗透率分布 $K_{m \times n}(a, b)$ 满足上式关系，预估值即可作为真实值；反之，进行下一步迭代。

（5）直至得到最终校正值 $K_{m \times n}(a, b)$ 满足真实值 $K_{m \times n}^*(a, b)$ 要求的精度。

如此，可以得到最终校正值 $K_{m \times n}$ 满足真实值 $K_{m \times n}^*$ 要求的精度。

7.3　多层低渗储层的全油藏渗流特征理论研究

对于多层区块或者井组来说，如果平面有 $m \times n$ 个井网单元，垂向有 k 层，则渗透率分布为三维矩阵 $K_{m \times n \times k}$，厚度分布为三维矩阵 $h_{m \times n \times k}$，压力分布为三维矩阵 $p_{m \times n \times k}$，流量分布为三维矩阵 $Q_{m \times n \times k}$。另外，井网单元的相渗关系为三维矩阵 $(K_{rw} \sim K_{ro})_{m \times n \times k}$，根据相应含水率和采出程度关系确定。

通过计算：

$$
\begin{aligned}
\| Q_{m \times n \times k} - Q_{m \times n \times k}^* \| &= \min_{(a,b)} \Bigg\{ \| 2\pi h_{m \times n \times k} r_{m \times n \times k} \| \, \left\| \left(\frac{K_{rw}}{\mu_w} + \frac{K_{ro}}{\mu_o} \right)_{m \times n \times k} (K_{m \times n \times k}(a,b) \cdot \right. \\
&\nabla p_{m \times n \times k} - K_{m \times n \times k}(a,b)^* \nabla p_{m \times n \times k}^*) - \left(\frac{K_{ro}}{\mu_o} \right)_{m \times n \times k} \cdot \\
&\left. \lambda_{m \times n \times k} (K(a,b)^{n_{d_{m \times n \times k}}} - K^*(a,b)^{n_{d_{m \times n \times k}}}) \right\| \Bigg\} \leq \delta
\end{aligned}
$$

基于反演思路，根据前文的相同的思路，建立针对渗透率非均质特性的反演算法，步骤如下：

（1）已知生产压差 $\nabla p_{m \times n \times k}^*$，实际流量 $Q_{m \times n \times k}^*$，试验获得的启动压力梯度特征参数 $\lambda_{m \times n \times k}$、$n_{d_{m \times n \times k}}$，相渗曲线关系 $K_{rw_{m \times n \times k}}$ 和 $K_{ro_{m \times n \times k}}$（作为确定量）以及假定渗透率非均质的分布函数为 $K_{m \times n \times k}^*(a, b)$。

（2）给出预估渗透率分布函数 $K_{m \times n \times k}(a, b)$ 构型参数的搜索范围，代入生产动态资料的压力梯度为 $\nabla p_{m \times n \times k}$，流量为 $Q_{m \times n \times k}$。

（3）如果预估渗透率分布 $K_{m \times n \times k}(a, b)$ 满足实际的压力梯度 $\nabla p_{m \times n \times k}^*$，则满足目标函数。

（4）如果预估渗透率分布 $K_{m \times n \times k}(a, b)$ 满足上式关系，预估值即可作为真实值；反之，进行下一步迭代。

（5）直至得到最终校正值 $K_{m \times n \times k}(a, b)$ 满足真实值 $K_{m \times n \times k}^{*}(a, b)$ 要求的精度。

如此，可以得到最终校正值 $K_{m \times n \times k}$ 满足真实值 $K_{m \times n \times k}^{*}$ 要求的精度。

7.4 低渗储层的全油藏多尺度反演渗透率构型参数优化算法

（1）针对区块划分井网单元，如果井网单元的储层参数区域分布符合压力和流量的井史变化，满足误差要求，即符合要求；否则，转至（2）。

（2）针对井网单元划分不同注采单元，如果注采单元的储层参数区域分布符合压力和流量的井史变化，满足误差要求，即符合要求；否则，转至（3）。

（3）针对注采单元，尝试进行油藏参数区域分布的反演，通过动态生产资料确定参数区域分布的非线性构型。

7.5 小结

本章基于低渗透非均质储层全油藏参数区域的矩阵分布特点，结合多尺度划分标准，建立全油藏参数区域渗流特征问题的理论，并通过实例进行模拟，验证理论的可行性和合理性。

参 考 文 献

[1] 张蕾. 低渗透油田开采现状[J]. 中外科技情报, 2006, 11(1): 5~12.

[2] 刘华, 张宁生, 王志伟, 等. 低渗透油田提高采收率发展现状[J]. 钻采工艺, 2004, 23(4): 44~46.

[3] 崔梅红, 殷志华. 低渗透油田开发实践及认识[J]. 断块油气田, 2007, 12(4): 44~46.

[4] 阎庆来. 单相均质液体低速渗流机理及流动规律[C]//第二届全国渗流力学学术会议论文集. 北京: 科学出版社, 1997.

[5] 冯文光, 葛家理. 单介质、双重介质中非定常非达西低速渗流问题[J]. 石油勘探与开发, 1985, 12(1): 56~62.

[6] 陈永敏, 周娟, 刘文香, 等. 低速非达西渗流现象的实验论证[J]. 重庆大学学报(自然科学版), 2000, 23(增):59~61.

[7] 冯文光, 葛家理. 单一介质非达西低速渗流时续流和表皮效应的影响[J]. 1988, 7(2): 45~50.

[8] 冯文光, 葛家理. 单重介质、双重介质中非达西低速渗流的压力曲线动态特征[J]. 石油勘探与开发, 1986, 12(5): 40~45.

[9] 程时清, 徐论勋. 低速非达西渗流试井典型曲线拟合法[J]. 石油勘探与开发, 1996, 23(4): 50~53.

[10] 程时清. 低速非达西渗流试井模型的数值解及其应用[J]. 天然气工业, 1996, 16(3): 27~30.

[11] 程时清. 双重介质储层低速非达西渗流试井有效半径数学模型及典型曲线[J]. 天然气工业, 1997, 17(2): 35~37.

[12] 黄延章. 低渗透油层渗流机理[M]. 北京: 石油工业出版社, 1998.

[13] 黄延章. 低渗透油层非线性渗流特征[J]. 特种油气藏, 1997, 4(1): 9~12.

[14] 阎庆来, 何秋轩. 低渗透油气藏勘探开发技术 [M]. 北京: 石油工业出版社, 1993.

[15] 程时清. 油水两相低速非达西渗流数值模拟[J]. 石油勘探与开发, 1998, 22(2): 11~15.

[16] Scheidegger A E. The Physics of Flow Through Porous Media[M]. Toronto: 3rd Edit, University of Toronto Press, 1974: 339~402.

[17] WU Y S. Flow and Displacement of Bingham non-Newton an Fluid in Porous Media[A].

SPE 20051. 1990：4~6.

[18] Wu Y S, Witherspoon P A. Flow and displacement of Binghamton Newtonian fluids in porous media[A]. SPE 20051, 1992：369~376.

[19] Charles, W. Review of Characteristics of Low Permeability[J]. AAPG, 1989, 14(5)：73~76.

[20] Society of Petroleum Engineers. Rock mountain regional low permeability reservoirs and exhibition [M]. Colorado：Society of Petroleum Engineers Incorporation Press, 1998：259~264.

[21] Yann Lucas, Mikhail Panfilov, Michel Buès. The impact of instability appearance on the quadratic law for flow through porous media[J]. Transport Porous Med, 2008, 71：99~113.

[22] Cornelis Johannes van Duijn, Hartmut Eichel, Rainer Helmig, et al. Effective equations for two-phase flow in porous media：the effect of trapping on the microscale[J]. Transport Porous Med, 2007, 69：411~428.

[23] Khan M, Abbas Z, Hayat T. Analytic solution for flow of Sisko fluid through a porous medium[J]. Transport Porous Med, 2008, 71：23~37.

[24] Shaojun Wang, Yanzhang Huang, Faruk Civan. Experimental and theoretical investigation of the Zaoyuan field heavy oil flow through porous media[J]. Journal of Petroleum Science and Engineering, 2006, 50：83~101.

[25] Jinxun Wang, Francis A L Dullien, Mingzhe Dong. Fluid transfer between tubes in interacting capillary bundle models[J]. Transport Porous Med, 2008, 71：115~131.

[26] V Joekar-Niasar, S M Hassanizadeh, A Leijnse. Insights into the Relationships Among Capillary Pressure, Saturation, Interfacial Area and Relative Permeability Using Pore-Network Modeling[J]. Transport Porous Med, 2008, 74：201~219.

[27] 邓英尔, 刘慈群. 具有启动压力梯度的油水两相渗流理论与开发指标计算方法[J]. 石油勘探与开发, 1998, 25(6)：36~39.

[28] 邓英尔, 刘慈群, 王允诚. 垂直裂缝井两相非达西椭圆渗流特征线解、差分解及开发指标计算方法[J]. 石油勘探与开发, 2000, 27(1)：60~63.

[29] 邓英尔, 刘慈群. 启动压力梯度对低渗透油田注水开发的影响[M]. 低渗透油气田开发与实践（续）, 北京：石油工业出版社, 1999.

[30] 宋付权, 刘慈群. 低渗透储层中水驱油两相渗流分析[J]. 低渗透油气田, 1999, 4(2)：6~9.

[31] Agarwal R G, Carter R D, Pollock C B, et al. The Optimization of Well Spacing and

Fracture Length in Low Permeability Gas Reservoirs [J] . Trans. AIME, 1979, 213: 245 ~ 249.

[32] Al-Khalifah A A. A New Approach to Multiphase Well test Analysis[J]. SPE16743. 1987.

[33] Zitha P L J, Vermolen F, Bruining H. Modification of Two Phase Flow Properties by Adsorbed Polymers and Gels[J]. SPE 54737, 1999: 121 ~ 133.

[34] Baker C O. Effect of Price and Technology on Tight Gas Resources of United States[C]// ASME Intersociety Energy Conversion Conference, Atlanta, 1982: 9 ~ 14.

[35] Bourdet D, Gringarten A C. Determine of Fissure Volume and Block Size in Fractured Reservoir by Type-Curve Analysis[J]. SPE9293, 1980.

[36] Brons F, Miller W C A. Simple Method for Correcting Spot Pressure Readings[J]. Journal of Petroleum, 1961, 222: 803 ~ 805.

[37] Cinco, Samaniego. Transient Pressure Analysis for Fracture Wells[J]. JPT, 1981: 9.

[38] Cinco L H. Effect of Wellbore Storage and Damage on the Transient Pressure Behavior of Vertical Fractured Wells[J]. SPE 6014, 1977: 10 ~ 19.

[39] Cinco-Ley, Samanieg. Transient Pressure Behavior for a Well with Finite-Conductivity Vertical Fractures[J]. SPEJ, 1978: 8 ~ 16.

[40] Clark J B. A Hydraulic Process for Increasing the Productivity of Wells [J]. Petroleum Trans. AIME, 1949, 186: 1 ~ 84.

[41] Clark K K. Transient Pressure Testing of Fractured Water Injection Wells[J]. SPE 1821, 1968: 639 ~ 643.

[42] Pedrosa O A. Pressure transient response in stress sensitive formations[J]. SPE 15115, 1986: 213 ~ 221.

[43] Samaniego V F. An investigation of transient flow of reservoir fluids considering pressure dependent rock and fluid properties[J]. SPEJ, 1977, 7(1): 140 ~ 150.

[44] Miller R J, Low P F. Threshold gradient for water flow in clay systems[J]. Soil Science Society of America Proceedings, 1963, 27(6): 605 ~ 609.

[45] Zhang M Y, Ambastha A K. New insight in pressure transient analysis for stress sensitive reservoirs[J]. SPE 28420, 1994: 617 ~ 627.

[46] Prada A, Civan F. Modification of Darcy's law for the threshold pressure gradient[J]. Journal of Petroleum Science and Engineering, 1999, 22(4): 237 ~ 240.

[47] Xuanxu Xiao, Gong Jing. A united model for predicting pressure wave speeds in oil and gas two-phase pipeflows[J]. Journal of Petroleum Science and Engineering, 2008, 60: 150 ~ 160.

［48］ Hao Feng, L S Cheng, Hassan O et al. Threshold Pressure Gradient in Ultralow Permeability Reservoirs［J］. Petroleum Science and Technology, 2008, 26（9）: 1024～1035.

［49］ Alvaro Prada, Faruk Civan. Modification of Darcy's law for the threshold pressure gradient［J］. Journal of Petroleum Science and Engineering, 1999, 22: 237～240.

［50］ Fuquan Song, Renjie Jang, Shuli Bian. Measurement of threshold pressure gradient of microchannels by static method［J］. Chin. Phys. Lett., 2007, 24（7）: 1995～1998.

［51］ Correa A C, Ramey H Jr. Method for Pressure buildup Analysis of Drill stem Tests［C］// SPE16802 presented at the SPE 62nd Annual Technical Conference and Exhibition. Dallas, Texas, 1987, 9: 27～30.

［52］ Ciqun Liu. Exact Solution of Unsteady Axisymmetrieal Two- Dimensional Flow Through Triple Media［J］. Applied Mathernatic and Mechanics, 1988, 4（5）: 717～724.

［53］ Stehfest H, Algorithm. Numerical Inversion of Laplace Transform［J］. Communications of the ACM, 1970: 63～68.

［54］ John Cran. Free and Moving Boundary Problem［M］. Oxford Press Inc, 1984, 14（2）: 4～6.

［55］ Bai Donghua. A Free Boundary Problem Governed by Nonlinear Degenerate Equations of Parabolie Type［J］. Partial Differential Equations, 1992, 5（2）: 37～52.

［56］ John Wileyt, Sonc. Heat Conduction. Second Edition ［M］. NECATI OZISKI Inc, 1993: 67～71.

［57］ Cheng Shiqing, Qu Xuefeng. A Well Testing Analysis in A Reservoir with Triple Perouse Media.［J］. Applied Mathernatic and Mechanics, 1998, 24（5）: 617～624.

［58］ 王鸿勋, 张士诚. 水力压裂设计数值计算方法［M］. 北京: 石油工业出版社, 1998.

［59］ 陈治喜. 水力压裂裂缝起裂和扩展［D］. 北京: 中国石油大学, 1996.

［60］ 张劲. 层状介质的三维水力压裂数值模拟研究［D］. 合肥: 中国科学技术大学, 2001.

［61］ 陈建新, 王鸿勋. 识别水力裂缝参数的曲线自动拟合法［J］. 石油学报, 1992, 29（8）: 69～78.

［62］ 杨能宇, 张士诚, 王鸿勋. 整体压裂水力裂缝参数对采收率的影响［J］. 石油学报, 1995, 14（7）: 20～25.

［63］ 赵金洲, 郭建春. 水力压裂效果动态预测［J］. 石油钻采工艺, 1995, 17（6）: 55～61.

［64］ 张义堂, 刘慈群. 垂直裂缝井椭圆流模型近似解的进一步研究［J］. 石油学报,

1996, 12(9): 73～77.

[65] 王永辉, 单文文, 蒋闻. 含有限导流垂直裂缝的封闭地层中不稳定渗流的格林函数法[J]. 石油学报, 1997, 18(9): 82～57.

[66] Sarma P, Durlofsky L J, Aziz K. Computational Techniques for Closed-loop Reservoir Modeling with Application to a Realistic Reservoir[J]. Petroleum Science and Technology, 2008, 26(10): 1120～1140.

[67] Garrouch Ali A, Al-Ruhaimani, Feras A. Simple Models for Permeability Impairment in Reservoir Rocks Caused by Asphaltene Deposition[J]. Petroleum Science and Technology, 2005, 23(7): 811～826.

[68] Anvar R Kacimov, Yurii V Obnosov. Analytical solution to 2D problem for an anticline-diverted brine flow with a floating hydrocarbon trap[J]. Transport Porous Med, 2008, 71: 39～52.

[69] Mustafiz S, Mousavizadegan S H, Islam M R. Adomian Decomposition of Buckley-Leverett Equation with Capillary Effects[J]. Petroleum Science and Technology, 2008, 26(15): 1796～1810.

[70] 冯曦, 钟孚勋. 低速非达西渗流试井模型的一种新的求解方法[J]. 油气井测试, 1997, 6(3): 16～21.

[71] 李凡华, 刘慈群. 含启动压力梯度的不定常渗流的压力动态分析[J]. 油气井测试, 1997, 6(1): 13～16.

[72] 宋付权, 刘慈群, 胡建国. 用压力恢复试井资料求储层启动压力梯度[J]. 油气井测试, 1999, 16(3): 57～74.

[73] 程时清, 张盛宗, 黄延章, 等. 径向非均质储层低速非达西渗流试井分析[J]. 重庆大学学报(自然科学版), 2000, 11(2): 100～103.

[74] 贾永禄, 李允, 吴小庆, 等. 特殊开采方式低速非达西渗流试井模型研究[J]. 西南石油学院学报, 2000, 22(4): 37～40.

[75] 宋付权, 刘慈群, 吴柏志. 启动压力梯度的不稳定快速测量[J]. 石油学报, 2001, 22(3): 79～82.

[76] 刘曰武, 丁振华, 何凤珍, 等. 确定低渗透储层启动压力梯度的三种方法[J]. 油气井测试, 2002, 12(4): 3～6.

[77] 蔡明金, 陈方毅, 张利轩, 等. 考虑启动压力梯度低渗透油藏应力敏感模型研究[J]. 特种油气藏, 2008, 15(2): 69～72.

[78] 李松泉, 程林松. 特低渗透储层非线性渗流模型[J]. 石油勘探与开发, 2008, 35(5): 606～612.

[79] Thompson L G, Reynolds A C. Well Testing for Radically Heterogeneous Reservoir Under Single and Multi-phase Flow Conditions[J]. SPE Formation Evaluation, 1997, 28(5): 57~61.

[80] Jones F O, Owens W W. A laboratory study of low permeability gas sands[J]. Journal of Petroleum Technology, 1980, 32(9): 1631~1640.

[81] Chen H, Chen S, Matthaeus. Recovery of the Navier-Stokes Equation Using a Lattice-Gas Boltzmann Method[J]. Phys Rev, 1992, 45: 5339~5342.

[82] Freddy Humberto Escobar, Jorge Cubillos, Matilde Monte alegre-M. Estimation of horizontal reservoir anisotropy without type-curve matching[J]. Journal of Petroleum Science and Engineering, 2008, 60: 31~38.

[83] Jing Lu, Djebbar Tiab. Productivity equations for an off-center partially penetrating vertical well in an anisotropic reservoir[J]. Journal of Petroleum Science and Engineering, 2008, 60: 18~30.

[84] Simon Gluzman, Didier Sornette. Self-similar approximants of the permeability in heterogeneous porous media from moment equation expansions[J]. Transport Porous Med, 2008, 71: 75~97.

[85] Kewen Li, Roland N, Horne. Modeling of oil production by gravity drainage[J]. Journal of Petroleum Science and Engineering, 2008, 60: 161~169.

[86] Hoffman B T, Kovscek A R. Efficiency and Oil Recovery Mechanisms of Steam Injection into Low Permeability[J]. Hydraulically Fractured Reservoirs Petroleum Science and Technology, 2004, 22(5): 537~564.

[87] Wataru Tanikawa, Toshihiko Shimamoto. Comparison of Klinkenberg-corrected gas permeability and water permeability in sedimentary rocks[J]. International Journal of Rock Mechanics & Mining Sciences, 2008, 53: 4~15.

[88] Mazumder S, Wolf K H A A, van Hemert A P. Busch Laboratory Experiments on Environmental Friendly Means to Improve Coalbed Methane Production by Carbon Dioxide/Flue Gas Injection[J]. Transport Porous Med, 2008, 75: 63~92.

[89] Richard A Dawe, Carlos A Grattoni. Experimental displacement patterns in a 2×2 quadrant block with permeability and wettability heterogeneities-problems for numerical modelling[J]. Transport Porous Med, 2008, 71: 5~22.

[90] 何顺利, 李中锋, 杨文新, 等. 非均质线性模型水驱油试验研究[J]. 石油钻采工艺, 2005, 5(27): 49~52.

[91] 李宜强, 隋新光, 李洁, 等. 纵向非均质大型平面模型聚合物驱油波及系数室内

实验研究[J]. 石油学报, 2005, 26(2): 77~79.

[92] 李中锋, 何顺利, 杨文新, 等. 非均质三维模型水驱剩余油试验研究[J]. 石油钻采工艺, 2005, 27(4): 41~44.

[93] 胡勇, 朱华银, 陈建军, 等. 高、低渗"串联"气层供气机理物理模拟研究[J]. 天然气地球科学, 2007, 18(3): 469~472.

[94] 李其深. 双渗分形储层动态数学模型的精确解[J]. 西南石油学院学报, 2001, 17(4): 35~38.

[95] 向开理, 李允, 李铁军. 不等厚分形复合储层不稳定渗流问题的数学模型及压力特征[J]. 石油勘探与开发, 2001, 28(5): 49~52.

[96] 程时清, 李相方, 张盛宗, 等. 低渗透非均质储层油水两相渗流敏感系数理论模型[J]. 应用数学, 2002, 29(4): 123~127.

[97] 程时清, 王志伟, 李相方, 等. 应用渗流反问题理论计算非均质油气藏多参数分布[J]. 石油学报, 2006, 27(3): 87~90.

[98] 柴乃序. 水驱油二相渗流数值模拟[J]. 西北大学学报, 1995, 3(3): 22~26.

[99] 周煦迪, 俞启泰, 林志芳. 储层渗透率纵向非均质分布对水驱采收率的影响[J]. 石油勘探与开发, 1997, 33(4): 27~32.

[100] 喻高明. 非均质储层注水开发指标计算方法的改进[J]. 石油勘探与开发, 1997, 24(2): 33~37.

[101] 李捷, 杨正明, 邱勇松. 表外油层注水开发的指进现象研究[J]. 大庆石油地质与开发, 2002, 24(4): 42~46.

[102] 邱勇松, 杨正明, 李捷, 等. 低渗透油层注水开发的层间突进研究[J]. 西安石油学院学报, 2003, 12(5): 34~38.

[103] 于开春, 张世峰, 张文志. 相控条件下剩余油的数值模拟[J]. 大庆石油学院学报, 2004, 15(4): 25~32.

[104] 何应付, 尹洪军. 非均质储层不稳定渗流的扰动边界元分析[J]. 中国科学院研究生院学报, 2006, 23(4): 465~471.

[105] 尹洪军, 贾俊飞, 贾世华, 等. 非均质储层稳定渗流压力计算方法[J]. 特种油气藏, 2007, 30(4): 38~42.

[106] Backus G E, Gilbert J F. Uniqueness in the inversion of gross earth data[J]. Phil. Trans. Roy. Soc. London, Ser. A., 1970, 266: 123~192.

[107] Backus G E, Gilbert J F. Numerical applications of a formalism for geophysical inverse problems[J]. Geophysical Journal of the Royal Astronomical Society, 1967, 13(1~3): 247~276.

[108] Wiggins R A. The general linear inverse problem: Implication of surface waves and free os-
cillations for Earth structure[J]. Review of Geophysics and Space Physics, 1972(10):
251~285.

[109] Jackson D D. Interpretation of Inaccurate, Insufficient and Inconsistent Data[J]. Geo-
physical Journal of the Royal Astronomical Society, 1972, 28(2): 97~109.

[110] Oldenburg D W, Scheuer T, Levy S. Recovery of the acoustic impedance from reflection
seismograms[J]. Geophysics, 1983, 48(10): 1318~1337.

[111] Tarantola A, Valette B. Generalized Nonlinear Inverse Problems Solved Using the Least
Squares Criterion[J]. Geophysics and Space Physics, 1982, 20(2): 219~232.

[112] Tarantola A. Inversion of seismic reflection data in the acoustic approximation[J]. Geo-
physics, 1984, 49(8): 1259~1266.

[113] Martinez R D, Cornish B E, Rebec A J, et al. Complex reservoir characterization by
multiparameter constrained inversion[C]//In Sheriff, R. E., Ed., Reservoir geophys-
ics: Soc. of Expl. Geophys. 1992: 224~234.

[114] Treitel S, Lines L R. Linear inverse theory and deconvolution[J]. Geophysics, 1982,
47(8): 1153~1159.

[115] Cooke D A, Schneider W A. Generalized linear inversion of reflection seismic data[J].
Geophysics, 1983, 48(6): 665~676.

[116] Sen M K, Stoffa P L. Rapid sampling of model space using genetic algorithms: examples
from seismic waveform inversion[J]. Geophysical Journal International, 1992, 108(1):
281~292.

[117] Gallagher K, Sambridge M. The resolution of past heat flow in sedimentary basins from
non-linear inversion of geochemical data: the smoothest model approach, with synthetic
examples[J]. Geophysical Journal International, 1992, 109(1): 78~95.

[118] Sambridge M, Drijkoningen G. Genetic algorithms in seismic waveform inversion[J].
Geophysical Journal International, 1992, 109(2): 323~342.

[119] Boschetti F, Dentith M C, List R D. Inversion of seismic refraction data using genetic
algorithms[J]. Geophysics, 1996, 61(6): 1715~1727.

[120] Boschetti F, Dentith M C, Ron D List. A staged genetic algorithm for tomographic in-
version of seismic refraction data[J]. Expl. Geophys, 1995, 25: 173~178.

[121] Baldwin J L, Otte D N, Wheatley C L. Computer Emulation of Human Mental Proces-
ses: Application of Neural Network Simulators to Problems in Well Log Interpretation
[J]. SPE, 1989: 481~493.

[122] Mccormack M D. Neural computing in geophysics[J]. The Leading Edge, 1991, 10 (1): 11~15.

[123] Liu Z, Liu J. Seismic controlled nonlinear extrapolation of well parameters using neural networks[J]. Geophysics, 1998, 6(63): 2035~2041.

[124] Hampson D, Todorov T, Russell B. Using multi-attribute transforms to predict log properties from seismic data[J]. Exploration Geophysics. 2000, 31(3): 481~487.

[125] 韩波, 杨晓军, 刘家琦. 微分连续正则化方法与一维声波方程系数反演问题求解[J]. 高校应用数学学报 A 辑 (中文版), 1994(4): 351~360.

[126] 韩波, 匡正, 刘家琦. 反演地层电阻率的单调同伦法[J]. 地球物理学报, 1991 (4): 517~522.

[127] 傅红笋, 韩波. 二维波动方程速度的正则化-同伦-测井约束反演[J]. 地球物理学报, 2005(6): 228~235.

[128] 傅红笋, 韩波. 偏微分方程参数反演的小波多尺度-正则化方法[J]. 黑龙江大学自然科学学报, 2003(2): 26~27.

[129] 刘克安, 刘宏伟. 双相介质二维波动方程孔隙率反演的扰动方法[J]. 哈尔滨建筑大学学报, 1996(4): 80~84.

[130] 刘克安, 刘宏伟, 郭宝琦, 等. 二维双相介质波动方程孔隙率反演的时卷正则迭代法[J]. 石油地球物理勘探, 1996(3): 410~414.

[131] 刘克安, 刘宏伟, 郭慧娟. 双相介质中参数的非线性反演模拟[J]. 哈尔滨建筑大学学报, 1996(2): 115~120.

[132] 刘克安, 刘宏伟, 郭宝琦, 等. 双相介质二维波动方程三参数同时反演的时卷正则迭代法[J]. 石油地球物理勘探, 1997(5): 615~622.

[133] 张新明, 周超英, 刘家琦, 等. 流体饱和多孔隙介质多参数反演的小波多尺度-正则化高斯牛顿法[J]. 应用基础与工程科学学报, 2009(4): 580~589.

[134] 张新明, 刘家琦, 刘克安. 一维双相介质孔隙率的小波多尺度反演[J]. 物理学报, 2008(2): 654~660.

[135] 张新明, 刘克安, 刘家琦. 流体饱和多孔隙介质波动方程多尺度反演[J]. 应用力学学报, 2007(1): 88~92.

[136] 张亚敏, 张书法, 钱利. 地震资料反演砂岩孔隙度方法[J]. 石油物探, 2008 (2): 136~140.

[137] 邹冠贵, 彭苏萍, 张辉, 等. 地震波阻抗反演预测采区孔隙度方法[J]. 煤炭学报, 2009(11): 1507~1511.

[138] 刘爱群, 盖永浩. 测井约束反演过程中测井资料统计分析研究[J]. 地球物理学

进展，2007(5)：1487~1492.

[139] 伍先运，王克协，郭立，等. 利用声全波测井资料求取储层渗透率的方法与应用研究[J]. 地球物理学报，1995：224~231.

[140] 侯春会，伍先运，王克协. 利用斯通利波衰减反演储层渗透率[J]. 测井技术，1997(3)：8~12.

[141] 黄捍东，胡光岷，贺振华，等. 测井约束多尺度储层厚度反演[J]. 成都理工学院学报，1999(4)：343~347.

[142] 杨斌. 测井约束下的神经网络地震储层参数反演[J]. 矿物岩石，1998：206~209.

[143] 李达，张维冈，刘喜武，等. 基于随机分形插值实现地震道伪测井曲线反演[J]. 中国海洋大学学报（自然科学版），2010(1)：89~94.

[144] 杨松桥，龚晶，冯涛. 岩体渗透系数反演的遗传模拟退火方法及其在边坡工程中的应用[J]. 土工基础，2005(3)：31~35.

[145] Tarantola A, Valette B. Generalized nonlinear inverse problems solved using the least squares criterion[J]. Rev. Geophys. Space Phys. , 1982, 20(2)：219~232.

[146] Tarantola A, Valette B. Inverse problems = quest for information[J]. J. geophys, 1982, 50(3)：150~170.

[147] Tarantola A. Linearized Inversion of Seismic Reflection DATA[J]. Geophysical prospecting, 1984, 32(6)：998~1015.

[148] Tarantola A, Others. The seismic reflection inverse problem[J]. Inverse problems of acoustic and elastic waves, 1984：104~181.

[149] Tarantola A. Inversion of seismic reflection data in the acoustic approximation[J]. Geophysics, 1984, 49(8)：1259~1266.

[150] Tarantola A. Theoretical background for the inversion of seismic waveforms including elasticity and attenuation [J]. Pure and Applied Geophysics, 1988, 128 (1)：365~399.

[151] Carrea J, Neuman S P. Estimation of Aquifer Parameters Under Transient and Steady State Conditions：1. Maximum Likelihood Method Incorporating Prior Information[J]. Water Resources Res. , 1986, 122：199~210.

[152] Carrea J, Neuman S P. Estimation of Aquifer Parameters Under Transient and Steady State Conditions：2. Uniqueness Stability and Solution and Field Data[J]. Water Resources Res. , 1986, 22：211~227.

[153] Carrea J, Neuman S P. Estimation of Aquifer Parameters Under Transient and Steady

State Conditions：3. Application to Synthetic and Field Data[J]. Water Resources Res.，1986，22：228～242.

[154] Gavalas G R, Shah P C, Seinfeld J H. Reservoir History Matching by Bayesian Estimation[J]. Soc. Pet. Eng. J.，1976，16：337～350.

[155] Chen W H, Gavalas G R, Seinfeld J H. A New Algorithm for Automatic History Matching[J]. SPE Journal, 1974, 14 (6)：593～608.

[156] He N, Reynolds A C, Oliver D S. Three-dimensional reservoir description from multiwell pressure data and prior information[J]. SPE Journal, 1997, 2(3)：312～327.

[157] Oliver D S. Moving averages for Gaussian simulation in two and three dimensions[J]. Mathematical Geology, 1995, 27(8)：939～960.

[158] Oliver D S. On conditional simulation to inaccurate data[J]. Mathematical Geology, 1996, 28(6)：811～817.

[159] Oliver D S. Calculation of the Inverse of the Covariance[J]. Mathematical Geology, 1998, 30(7)：911～933.

[160] Oliver D S, Cunha L B, Reynolds A C. Markov chain Monte Carlo methods for conditioning a permeability field to pressure data[J]. Mathematical Geology, 1997, 29(1)：61～91.

[161] Reynolds A C, He N, Chu L, et al. Reparameterization Techniques for Generating Reservoir Descriptions Conditioned to Variograms and Well-Test Pressure Data[J]. SPE Journal, 1996, 1(4)：413～426.

[162] 程时清，王志伟，李相方，等. 应用渗流反问题理论计算非均质油气藏多参数分布[J]. 石油学报，2006(3)：87～90.

[163] 程时清，张盛宗，黄延章，等. 储层渗流反问题研究与进展[J]. 水动力学研究与进展（A 辑），2003(1)：98～103.

[164] 程时清，唐恩高，李相方. 试井分析进展及发展趋势评述[J]. 油气井测试，2003(1)：66～68.

[165] 程时清，李相方，张盛宗，等. 低渗透非均质储层油水两相渗流敏感系数理论模型[J]. 应用数学，2002(4)：123～127.

[166] 刘慧卿，陈月明，吴宏利，等. 自动历史拟合计算油水相渗关系新方法[J]. 断块油气田，1997(2)：29～32.

[167] 王曙光，郭德志. Nelder-Mead 单纯形法的推广及其在自动历史拟合中的应用[J]. 大庆石油地质与开发，1998(4)：25～27.

[168] 闫霞，张凯，姚军，等. 储层自动历史拟合方法研究现状与展望[J]. 油气地质

与采收率, 2010(4): 69~73.

[169] 刘方阁. 二维二相多层储层数值模拟的反问题[J]. 山东省科学院院刊, 1989 (2): 13~19.

[170] 郑琴, 孙健. 地层伤害偏微分方程反问题模型及计算方法研究[J]. 中国西部油气地质, 2006(1): 91~94.

[171] Hadamard J, Morse P M. Lectures on Cauchy's problem in linear partial differential equations[J]. Physics Today, 1953, 6: 18.

[172] Tikhonov A N, Arsenin V Y. Solutions of ill-posed problems[M]. New York: John Wiley and Sons, 1977: 45~94.

[173] Landweber L. An iteration formula for Fredholm integral equations of the first kind[J]. American Journal of Mathematics, 1951, 73(3): 615~624.

[174] Nashed M Z, Wahba G. Some exponentially decreasing error bounds for a numerical inversion of the Laplace transform[J]. Journal of Mathematical Analysis and Applications, 1975, 52(3): 660~668.

[175] Nashed M Z. On moment-discretization and least-squares solutions of linear integral equations of the first kind[J]. Journal of Mathematical Analysis and Applications, 1976, 53 (2): 359~366.

[176] Engl H W, Nashed M Z. New extremal characterizations of generalized inverses of linear operators[J]. Journal of Mathematical Analysis and Applications, 1981, 82 (2): 566~586.

[177] Craven B D, Nashed M Z. Generalized implicit function theorems when the derivative has no bounded inverse[J]. Nonlinear Analysis, 1982, 6(4): 375~387.

[178] Nashed M Z, Hamilton E P. Local and global bivariational gradients and singular variational derivatives of functionals on Cn [a, b] [J]. Nonlinear Analysis, 1991, 17 (9): 841~862.

[179] Lee S J, Nashed M Z. Normed linear relations: domain decomposability, adjoint subspaces, and selections [J]. Linear Algebra and its Applications, 1991, 153: 135~159.

[180] Razali M R M, Nashed M Z, Murid A H M. Numerical conformal mapping via the Bergman kernel[J]. Journal of Computational and Applied Mathematics, 1997, 82 (1~2): 333~350.

[181] Razali M R M, Nashed M Z, Murid A H M. Numerical conformal mapping via the Bergman kernel using the generalized minimum residual method[J]. Computers & Mathemat-

ics with Applications, 2000, 40(1): 157~164.

[182] Groetsch C W. Representations of the generalized inverse[J]. Journal of Mathematical A-nalysis and Applications, 1975, 49(1): 154~157.

[183] Groetsch C W, Shisha O. On the degree of approximation by Bernstein polynomials[J]. Journal of Approximation Theory, 1975, 14(4): 317~318.

[184] Groetsch C W, King J T. Extrapolation and the method of regularization for generalized inverses[J]. Journal of Approximation Theory, 1979, 25(3): 233~247.

[185] Groetsch C W, Neubauer A. Regularization of ill-posed problems: Optimal parameter choice in finite dimensions[J]. Journal of Approximation Theory, 1989, 58(2): 184~200.

[186] Groetsch C W. A simple numerical model for nonlinear warming of a slab[J]. Journal of Computational and Applied Mathematics, 1991, 38(1~3): 149~156.

[187] Groetsch C W. Spectral methods for linear inverse problems with unbounded operators [J]. Journal of Approximation Theory, 1992, 70(1): 16~28.

[188] Groetsch C W. Regularized product integration for Hadamard finite part integrals[J]. Computers & Mathematics with Applications, 1995, 30(3~6): 129~135.

[189] Groetsch C W. Dykstra's Algorithm and a Representation of the Moore-Penrose Inverse [J]. Journal of Approximation Theory, 2002, 117(1): 179~184.

[190] Morozov V A. Regularization of incorrectly posed problems and the choice of regularization parameter[J]. USSR Computational Mathematics and Mathematical Physics, 1966, 6 (1): 242~251.

[191] Morozov V A. On restoring functions by the regularization method[J]. USSR Computational Mathematics and Mathematical Physics, 1967, 7(4): 208~219.

[192] Morozov V A. Error estimates for the solution of an incorrectly posed problem involving unbounded linear operators [J]. USSR Computational Mathematics and Mathematical Physics, 1970, 10(5): 19~33.

[193] Morozov V A. Estimation of the accuracy of solving ill-posed problems and the solution of systems of linear algebraic equations[J]. USSR Computational Mathematics and Mathematical Physics, 1977, 17(6): 3~12.

[194] Kaltenbacher B. On convergence rates of some iterative regularization methods for an inverse problem for a nonlinear parabolic equation connected with continuous casting of steel[J]. Journal of Inverse and Ill-Posed Problems, 1999, 7(2): 145~164.

[195] Kaltenbacher B. On Broyden's method for the regularization of nonlinear ill-posed prob-

lems［J］. Numerical functional analysis and optimization, 1998, 19（7 ~ 8）: 807 ~ 833.

［196］ Kaltenbacher B. A posteriori parameter choice strategies for some Newton type methods for the regularization of nonlinearill-posed problems［J］. Numerische Mathematik, 1998, 79（4）: 501 ~ 528.

［197］ Frommer A, Maass P. Fast CG-Based Methods for Tikhonov Phillips Regularization［J］. Siam J. sci. comput, 1997, 20（5）: 1831 ~ 1850.

［198］ Kirkpatrick S. Optimization by simulated annealing: quantitive studies［J］. Journal of Statistical Physics, 1984, 34: 975 ~ 986.

［199］ Holland J H. Concerning the emergence of tag-mediated lookahead in classifier systems ［J］. Physica D: Nonlinear Phenomena, 1990, 42（1 ~ 3）: 188 ~ 201.

［200］ Holland J H. Searching nonlinear functions for high values［J］. Applied Mathematics and Computation, 1989, 32（2 ~ 3）: 255 ~ 274.

［201］ Hopfield J J, Tank D W. "Neural" computation of decisions in optimization problems ［J］. Biological cybernetics, 1985, 52（3）:141 ~ 152.

［202］ 冯康, 等. 数值计算方法［M］. 北京: 国防工业出版社, 1978.

［203］ 黄光远, 吕士廉. 分布参数系统识别的某些理论问题与算法［J］. 山东大学学报（自然科学版）, 1983（1）: 10 ~ 23.

［204］ 黄光远, 刘小军. 地震勘探中若干数学反演模型的商讨［J］. CT 理论与应用研究, 1992（2）: 8 ~ 13.

［205］ 黄光远, 关华勇, 刘小军. 再论波动方程反演波速问题——波的反射与透射公式 ［J］. CT 理论与应用研究, 1993（3）: 14 ~ 19.

［206］ 黄光远, 刘维倩, 刘小军. 反问题与计算力学［J］. 计算结构力学及其应用, 1993（3）: 302 ~ 306.

［207］ 黄光远, 孙茂桐, 董凡, 等. 稳态场中源的识别、设计与实验［J］. 应用科学学报, 1993（1）: 75 ~ 82.

［208］ 刘维倩, 黄光远, 穆永科, 等. 岩土工程中的位移反分析法［J］. 计算结构力学及其应用, 1995（1）: 93 ~ 101.

［209］ 黄光远, 朱月秋, 张燕, 等. 多指标综合诊断方法［J］. 山东生物医学工程, 1996: 112 ~ 116.

［210］ 黄光远, 朱月秋, 宁飞, 等. 应用数理方程反演提取语音特征［J］. 山东大学学报（自然科学版）, 1998（1）: 46 ~ 53.

［211］ 栾文贵. 关于地球物理资料解释中一类不适定问题［J］. 数学的实践与认识, 1972

(4)：18～25.

［212］栾文贵. 关于地球物理中几个不适定问题的解的连续依赖性［J］. 地球物理学报，1982(4)：360～369.

［213］栾文贵. 常系数线性偏微分方程不适定 Cauchy 问题稳定性估计［J］. 应用数学学报，1982(3)：325～338.

［214］栾文贵. 微分方程某些反问题的稳定性的性态［J］. 应用数学学报，1985(4)：412～422.

［215］栾文贵. 地球构造反演问题的新途径［J］. 地球物理学报，1986(4)：369～375.

［216］栾文贵. 地球物理中的反问题与不适定问题［J］. 地球物理学报，1988(1)：108～117.

［217］苏超伟. 偏微分方程逆问题的数值方法及其应用［M］. 西安：西北工业大学出版社，1995.

［218］肖庭延，等. 反问题的数值解法［M］. 北京：科学出版社，2003.